电力安全工器具智能化技术

常政威　邓元实　陈明举　杨　琳　著

中国电力出版社
CHINA ELECTRIC POWER PRESS

图书在版编目（CIP）数据

电力安全工器具智能化技术 / 常政威等著. -- 北京：中国电力出版社，2025. 3. -- ISBN 978-7-5198-9692-8

Ⅰ. TM08

中国国家版本馆 CIP 数据核字第 2025MG1443 号

出版发行：中国电力出版社
地　　址：北京市东城区北京站西街 19 号（邮政编码 100005）
网　　址：http://www.cepp.sgcc.com.cn
责任编辑：高　芬　罗　艳（010-63412315）
责任校对：黄　蓓　张晨荻
装帧设计：张俊霞
责任印制：石　雷

印　　刷：北京九天鸿程印刷有限责任公司
版　　次：2025 年 3 月第一版
印　　次：2025 年 3 月北京第一次印刷
开　　本：710 毫米 ×1000 毫米　16 开本
印　　张：11.25
字　　数：176 千字
定　　价：69.00 元

前　言

在电力生产活动中，安全工器具使用涉及电力生产的每一个环节，为作业人员提供安全保障。随着电力生产规模的扩大，对智能安全工器具的需求越来越迫切，基于传感器、物联网、无线通信等技术的智能安全工器具正越来越多地应用到电力生产中。

为保障电力作业的安全，电力企业对安全工器具的机械、绝缘性能都有严格的要求。《国家电气设备安全技术规范》（GB 19517—2023）中明确要求需要对各类安全工器具进行检验，《电力安全工器具预防性试验规程》（DL/T 1476—2023）明确定义了安全工器具的检验要求和标准，以此来保障作业人员的安全性。

智能安全工器具种类日益增多，参考传统安全工器具检验标准开展电气、机械试验，缺乏数据通信、识别准确度、运行轨迹、高级应用等相关检验技术与方法，无法评估其数字化功能、性能及互联互通问题、缺陷，可能导致“带病入网”。因此，伴随智能安全工器具领域的不断壮大，急需开展智能安全工器具数字化功能检验技术研究，制定一套智能安全工器具检测标准，为电力安全生产和作业人员安全保驾护航。

本书针对智能安全工器具数据通信、电子标签交互、数字化功能检测和评价标准等研究的不足，围绕典型安全工器具预防性试验电场分析、电子标签空间防碰撞算法、近电检测、定位基准等基础问题开展理论研究。研究典型安全工器具电子标签最优黏贴 / 植入方式、电子标签检测评价标准；明确智能安全工器具标签识别准确度、数据接入检测、定位精度检测、通信能耗检测、近电感应检测等数字化功能检测方法；研制 10kV 智能安全工器具数字化功能检测平台，为规范智能安全工器具数字化功能检测提供解决方案。

本书以智能安全工器具关键状态量检测方法、重要业务场景数字化高级应用检测以及数字化功能检测平台研制为对象，建立智能安全工器具数字化功能检测方法与标准，并研制智能安全工器具数字化功能检测平台，具体内容如下：第 1 章为本书的引言部分，主要介绍智能安全工器具智能数字化检测的现状与本书研究的主要内容。第 2 章主要介绍智能安全工器具技术，包括智能安全帽、智能接地线以及智能验电器等智能技术内容。第 3 章为智能安全工器具数据交互检测与评价技术，主要研究耐压试验下安全工器具表面电场分析、电子标签植入性能分析以及外部环境对电子标签性能的影响。第 4 章为智能安全工器具关键状态量检测方法研究，主要研究智能安全工器具定位检测技术、通信能耗检测、近电感应报警检测以及音视频传输协议等技术。第 5 章提出了重要业务场景数字化高级应用检测，包括电子标签识别准确度、定位精度、服务时间等检测方法。第 6 章开展 RFID 标签防碰撞算法、检测平台 RFID 标签读取天线设计、10kV 电磁环境模拟、检测平台风控接口模拟器设计等智能安全工器具数字化功能检测关键技术，并研制智能安全工器具数字化功能检测平台。本书提出了智能安全工器具的检验要求和标准，规范智能安全工器具的产品质量，为电网安全生产和作业人员的生命安全保驾护航。

本书由国网四川省电力公司正高级工程师常政威组织撰写、审阅和统稿，并完成第 1 章的编写。国网四川省电力公司电力科学研究院邓元实参加了第 4 章的编写和资料收集，四川轻化工大学陈明举参加了第 5 章的撰写，国网四川省电力公司电力科学研究院杨琳完成了第 6 章的内容。此外，成都思晗科技股份有限公司郭晓培、鄢康等人也参与了本书资料整理的工作，在此一并向他们的辛勤付出表示感谢。特别感谢本书参考文献中列出的作者们，包括那些未能被列出的作者们，正是因为他们在各自领域中的独到见解和贡献，为我们的研究提供了丰富的创作灵感。

本书著者具有十多年智能信息处理和电力行业工程应用的经验，汇总了著者在科研开发中积累的经验和教训。在编写过程中，作者着重培养读者理论和实践相结合的能力，并在各章节中提供大量实验，以帮助读者加深对理论知识的理解和应用。

本书得到了四川省科学计划资助（2023NSFSC1987）。本书的编写和出版也得到了多位前辈和同行专家的指导、支持和鼓励，在此表示衷心的感谢。

希望本书能够成为电力安全工器具管理领域的一本参考书，为电力安全工器具的使用和管理助益，促进电力安全工器具的发展。由于新技术更新速度迅猛，作者个人水平有限，书中难免存在疏漏的地方，欢迎广大读者提出批评和指正，更好地改进和完善本书。

著　者

2024 年 10 月

目　录

1

引　言

1.1　研究背景与意义

在电力企业的生产活动中，安全工器具广泛应用于电力生产的各个环节，为作业人员的安全提供保障。近年来，随着电力生产规模的扩大与对安全生产的重视，基于传感技术、数据传输、智能信息处理等技术的各类智能安全工器具正越来越多地应用到电力生产中，促进了电力企业的发展。

电力公司为实现安全工器具全寿命周期数字化转型升级，逐步推进内置电子标签的智能安全工器具，基于物联网技术实现与安全工器具柜、库房乃至安全风险管控平台的数据交互，逐步实现无感出入库、工作票联动、状态监测、试验信息管理等功能，以提高安全工器具的数字化、可视化、智能化管理水平。如，具备无线通信与定位功能的安全帽和接地线等智能安全工器具实现了音视频数据传输、定位轨迹跟踪、状态监测、环境参数的采集等实时数据交互功能，提高了电力作业现场数字化管控能力。

智能安全工器具的安全性直接关系到人身、设备和电网的安全。在《电力安全工器具预防性试验规程》（DL/T 1476—2023）明确定义了安全工器具的检验要求和标准，以此来保障作业人员的安全性。但以上检验标准是针对传统安全工器具的检验，还未发布针对智能安全工器具的检验标准。当前，智能安全工器具参考传统安全工器具检验标准开展电气、机械、绝缘等功能检测，缺乏数据通信、识别准确度、运行轨迹、高级应用等相关检验技术与方法，无法评估其数字化功能、性能及可能存在的互联互通问题，易导致“带病入网”、通信接口不统一、无法实现标准化数据交互等问题，给电力生产带来较大安全隐患。

伴随智能安全工器具应用领域的不断壮大，传统的安全工器具方法不再完全适用于智能安全工器具的检测，急需开展智能安全工器具数字化功能检测技术研究，制定一套智能安全工器具检测标准，指导智能安全工器具开展定期、合理、全面、系统的标准化检验与数字化管理，为电网安全生产和作业人员安全保驾护航。

1.2 智能安全工器具智能数字化检测平台研究现状

电力安全工器具检测是安全生产风险控制中的一个重要环节，直接关系到电力生产过程中员工的生命安全。在不影响区域用电的情况下，带电检测已经成为电网设备检测的常态，传统的停电试验已经被越来越多的用户唾弃，而预防性试验是保证带电检测安全进行的基本措施。

电力安全维护工作需要使用不同种类的工器具，安全工器具的检测是电力工作中一项繁重的工作。许多发达国家和地区如美国、欧洲及日本等，围绕电力工器具的安全性、可靠性与环保性，制定了严格的标准和法规。美国国家标准协会（ANSI）和美国职业安全健康管理局（OSHA）制定了一系列与电力工器具检测相关标准。例如，ANSI/IEEE 516 标准专注于电力设备的绝缘检测，并建立了国家电气制造商协会（NEMA）等机构对电力产品的安全性进行认证，确保设备符合现行标准。欧洲发布了 IEC 60900 标准专注于电力绝缘工具的检测，要求在欧洲市场上销售的电力工器具必须获取 CE 标志，并设有独立的检测机构，如德国的 TUV 和法国的 AFNOR 等机构。日本电气安全法对电力工器具的安全性有严格要求，制定了相关的 JIS（日本工业标准），要求产品在出厂前需经过严格的检测，并逐渐引入自动化和智能化技术，提高检测效率和准确性。

在国内，为了保障安全工器具检测工作高效、规范、准确进行，电力工业电力安全工器具质量检验测试中心牵头起草了《电力安全工器具预防性试验规程》（DL/T 1476—2023）和《电力安全工器具配置和存放技术要求》（DL/T 1475—2015），标志着我国的电力安全工器具检测步入成熟阶段。上述规程提

供了相应的试验方法，开展各种常用电力安全工器具预防性试验项目、周期和要求，并判断这些工器具是否符合使用条件，保证工作人员的人身安全。

近年来，随着人工智能、超宽带无线通信以及超高速集成电路等技术的进步，当前的安全工器具逐渐同物联网技术、电子标签技术、无线定位技术、人工智能技术相结合，安全工器具逐步实现了智能功能，出现了新的电力智能安全工器具，如智能安全帽、智能安全带、智能接地线等。以智能安全帽为例，该工具通过北斗系统进行作业人员的跟踪，利用多传感器技术实现作业人员状态的采集，采用无线通信技术实现数据的实时传输，构建音视频系统实现作业现场的指导等新的数字化功能。DL/T 1476—2023 等规程只规范了安全工器具的绝缘性能试验标准，没有对智能安全工器具数字化功能进行规范。

随着智能安全工器具大量入网使用，现行的安全工器具检测标准不能满足智能安全工器具数字化功能的检测需求，主要表现在以下几个方面：

1. 缺乏安全工器具与其数字化模块的相互性能影响评价体系

由于加载电子标签、通信、定位、传感器模块的智能安全工器具与传统安全工器具结构上存在差异，一方面绝缘类智能安全工器具是否具有与传统安全工器具一致的电气特性；另一方面在高电压等级变电站强电磁环境下，电子标签等数字化模块是否会被环境干扰或损坏，从而导致数字通信功能丧失。以上两方面问题都缺乏基础数据、评价体系、试验检测方法。

2. 缺乏通信、定位、状态监测等数字化功能技术规范和检测方法

智能安全工器具是新型产品，各个厂家产品的功能形态、性能参数存在较大差异、鱼龙混杂，在入网、验收、使用等环节无法针对实际应用场景和功能需求，对通信效率、定位精度、状态监测准确度等数字化功能进行质量把关。

3. 缺乏智能安全工器具数字化功能的一体化全场景检测平台

智能安全工器具通过数字化模块，基于物联网技术与工器具柜、库房管理系统及安全风险管控平台等系统交互，实现无感出入库、工作票联动、轨迹查询、送检信息管理等应用场景。但目前只有通过人工操作实现少量功能检测，无法实现多级管理系统、全场景案例注入、全自动化数据交互验证，导致产品“带病入网”、无法与各级系统进行有效功能贯通。

因此，针对智能安全工器具在性能评估、数据评价、检测方法等方面的不

足，研究智能安全工器具检测方法，建立智能安全工器具性能的客观指标，制定智能安全工器具检测标准，研发智能安全工器具智能数字化检测平台是当前亟待解决的问题。

1.3 本书研究内容与路线

本书以智能安全工器具在电力企业的应用为研究背景，以智能安全工器具数字化功能检测为研究对象，结合智能安全工器具电器性能特征、入网要求、工器具使用场景，开展无线通信、定位、感知、数据交互、近电检测等智能安全工器具数字化功能理论研究，提出智能安全工器具数字化功能检测方法，研制智能安全工器具数字化功能检测平台，实现智能安全工器具数字化功能检测、状态在线监测、标准制定，主要研究路线如图 1.1 所示。

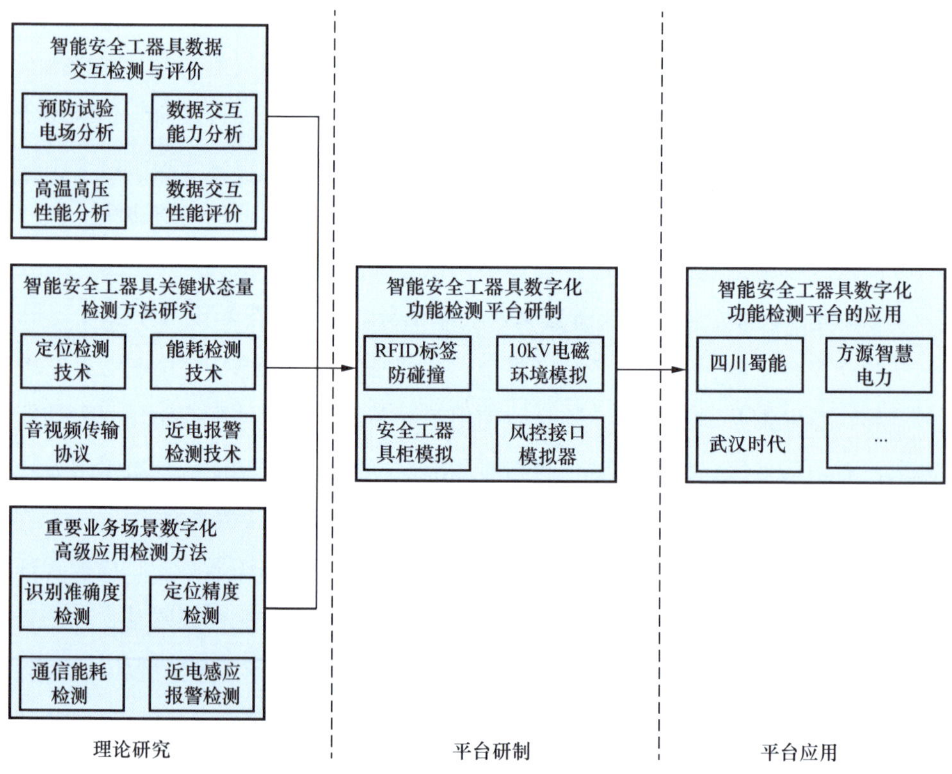

图 1.1 智能安全工器具数字化功能检测技术研究路线

1.3.1 智能安全工器具数据交互检测与评价

1. 智能安全工器具预防性试验下表面电场分析

研究智能安全工器具黏贴电子标签前后的电场分布，明确黏贴电子标签后对安全工器具绝缘性能的影响。主要路线如下：首先，采用 COMSOL 软件，建立 110kV 及以下验电器、绝缘杆、接地绝缘棒、绝缘罩 4 类基本绝缘安全工器具和 10kV 绝缘垫、绝缘靴、绝缘手套 3 类辅助绝缘安全工器具有限元分析模型，明确了预防性试验下表面电场分布；其次，在建立的模型基础上，将电子标签在预防性试验高压端和接地端连续移动位置，得到了电子标签黏贴到不同位置工器具表面电场的变化，据此明确电子标签在安全工器具上的最优黏贴位置；最后，计算黏贴电子标签前后安全工器具表面场强变化量，明确黏贴电子标签后对安全工器具绝缘性能的影响。

2. 智能安全工器具植入电子标签后的数据交互能力分析

针对预植入电子标签的智能安全工器具，明确不同绝缘材料介电常数和植入深度对电子标签谐振频率的影响，建立电子标签最优植入安全工器具的方式。具体路线如下：

（1）采用电磁仿真软件 HFSS 建立电子标签植入到工器具的电磁仿真模型；

（2）基于建立的仿真模型分析安全工器具材质对电子标签数据传输性能的影响，确定不同介电常数与不同传输频率的性能关系；

（3）分析植入深度对电子标签数据传输性能影响；

（4）根据安全工器具的物理结构，选择合适的电子标签，确定涉及介电常数、植入深度、与传输频率的最优植入方式。

3. 电子标签抗高温高压性能检测

搭建强电场、高温测试环境，明确电场、温度对不同封装材质电子标签性能损伤阈值；明确 ABS、硅胶、陶瓷、洗唛、抗金属等不同封装后 RFID 抗强电场、高温的性能。

4. 建立电子标签的数据交互性能客观评价方法

根据安全工器具电子标签使用环境，选择具有代表性的参数作为安全工器具电子标签抗干扰性能评价关键参数；设计电子标签抗干扰测试环境与测试平台的搭建，建立关键参数的测试方法；以测试的关键参数作为评级参量，建立安全工器具电子标签性能综合评价指标。

1.3.2 智能安全工器具关键状态量检测方法研究

1. 智能安全工器具定位检测技术研究

分析比较现有基于点检测法、连续运行监测站检测法、分时测量的智能安全感工器具定位法的优缺点；针对现有定位算法存在定位精度不足、初始定位时间长等短板，构建了基于粒子波优化的 RTK+ 多 GNSS 紧组合定位方法；在此基础上，研制了标准定位模块。

2. 通信能耗检测技术研究

分析接触式主流测量方案的优缺点；结合现有算法，设计能实现低电流高精度的测量的功耗测试方案；基于智能安全工器具的应用场景，提出降低智能安全工器具电路功耗的方法。

3. 近电报警检测技术研究

通过仿真明确近电报警检测的电场大小与近电报警检测的检测区域，从而对近电报警检测室进行部署与设计，具体路线如下：

（1）参照《电力安全工作规程电力线路部分》（Q/GDW 1799.2—2013），通过仿真建立 10kV 配电线路安全距离与电场大小对应关系，确定近电报警检测的电场强度；

（2）开展 10kV 棒形、板形、针形三类典型电极的电场仿真分析，确定近电检测报警电场对应的空间区域；

（3）基于确定的近电检测报警区域，设计近电报警检测室的检测环境，建立近电报警检测标准、量化检测方法。

4. 提出智能安全帽视频传输协议建议

研究安全帽视频监测的质量要求，提出适用视频数据传输结构的建议，并在监测平台上部署。具体研究路线如下：

（1）根据电力作业现场的视频传输质量的要求，构建智能安全帽视频传输协议；

（2）设计视频数据传输结构，实现智能安全帽不同作业场景类别视频的标记；

（3）完成智能安全工器具音视频硬件电路的设计；

（4）完成智能安全工器具音视频管理平台的测试。

1.3.3 提出重要业务场景数字化高级应用检测方法

基于安全工器具的数字化交互功能、检测方法、基准与评价指标，提出标签识别准确度检测方法、定位精度检测方法、服务响应时间检测方法、通信能耗检测方法、近电感应报警检测方法，为智能安全工器具数字化功能检测提供参考。

1.3.4 智能安全工器具数字化功能检测平台研制

开展包括检测平台 RFID 标签防碰撞算法、检测平台电子标签读取天线设计等智能安全工器具数字化功能检测平台关键技术研究，组建 10kV 电磁环境模拟装置、安全工器具柜模拟装置、检测平台风控接口模拟器等，研制具备设备检验管理、定位检验、识别检验、近电感应报警检测、通信能耗检测等功能的 10kV 智能安全工器具数字化功能检测平台。

2

安全工器具智能化技术

2.1 智能安全工器具

近年来，为满足电力发展的需要，对智能安全工器具的需求与应用越来越迫切，智能安全工器具的用量和种类也急剧增加，特别是基于物联网技术开发的各类智能安全工器具正越来越多地应用到电力生产中。

2.1.1 智能安全帽

安全帽能够预防事故，并保护电力作业人员的安全。然而，在实际电力作业施工中，由于部分电力作业人员意识不足、工作经验不足等原因，存在安全帽的不合理佩戴现象。为适应电力作业现场的多样性，在传统安全帽上加入实时定位、音视频通信、行为监管、生理参数检测、脱帽预警检测等模块，同时配合管理云平台，提高电子作业的安全性，减少安全事故的发生。

1. 智能安全帽结构

基于电力作业需求，智能安全帽功能如图 2.1 所示。该安全帽由控制盒、监测模块和帽带监测模块三部分组成。前额监测模块通过光电传感器和光生物传感器采集血氧、体温和心率等生理参数，进行监测和预警；监测模块利用高精度激光测距传感器监测脱帽和不当佩戴等违规行为。控制盒安装在安全帽后侧，内含定位模块、电源系统、通信模块和边缘计算模块。此外，智能安全帽通过通信模块与云平台交互，实现数据可视化、记录、设备管理和报警管理等功能。

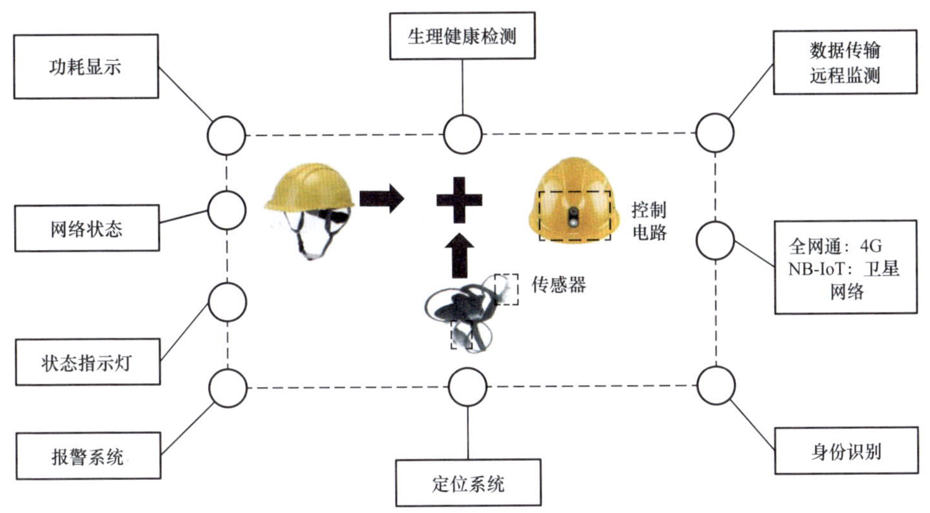

图 2.1　智能安全帽功能图

2. 安全风险管控系统架构

安全风险管控系统是组织指挥电力高风险作业的重要工具，负责统一调度、远程监控、维检修协调和应急保供。该平台基于“工业互联网 + 油气管道安全生产”架构设计，并分为以下四个层次。

1）感知数据层：负责现场数据的感知、对接、集成和存储，包括通过智能安全帽获取的坐标、温湿度、危险气体浓度，以及视频和音频监控信息。

2）基础服务层：提供各种基础服务，如接口、消息、地理轨迹、文件系统和报表流程。

3）业务应用层：以重大安全生产风险监测为基础，实现安全状态的实时监控和多种业务应用。

4）终端展示层：提升数据可视化水平，支持 PC 端、大屏幕和移动页面，满足用户不同的展示需求。

3. 智能安全帽风控管理应用模式

组织指挥电力高风险作业的重要工具，负责统一调度、远程监控、维检修协调和应急保供，如图 2.2 所示。

基于智能安全帽的远程安全风险管控系统包含 PC 管理端、App 端和集成终端。PC 端利用移动网络，面向电力作业，实现作业过程的感知、分析和指挥，提供报警事件和录音等数据。App 端实现作业计划派发、过程监管和双向通信，掌握运维工作的各类信息。智能安全帽终端集成先进传感器，提供便携性和安全性，实现物联感知与管道生产系统的无缝集成，支持实时定位、作业轨迹跟踪、设备信息交换和远程监视等功能。

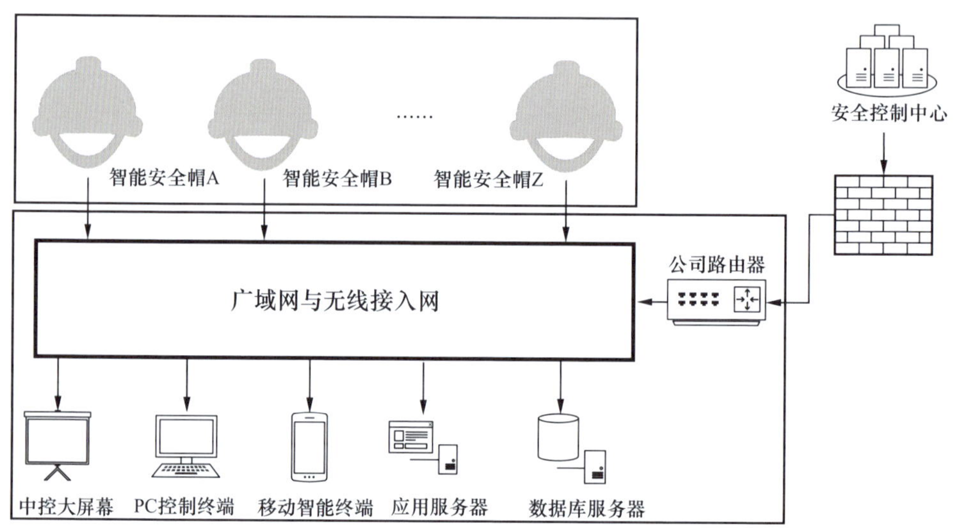

图 2.2　智能安全帽风控管理应用模式

安全帽安全风险管控系统主要应用场景包括风险作业智能管控、作业环境异常状态监控、线路智能巡检、人员不安全行为管控等应用场景。

2.1.2　智能接地线

为保障工作人员安全，智能接地线不仅在挂接上提供支持，还能检测装拆顺序，并在未按正确顺序操作时及时报警。

1. 操作棒端监测装置结构

携带式接地线自动化监测系统由两个主要部分组成：携带式接地线操作设备和上位机显示器。该系统监测接地线的挂接状态，并通过上位机显示监测结果和预警，实现短路接地线的自动化监测。在接地线紧固的条件下，操作设备的压感模块承受压力，将压力值传输至信号处理芯片。信号处理芯片利用深度学习模型判断接地线的挂接状态，同时利用实时定位技术监测状态，最终通过通信模块将处理信息传输至上位机显示器，提供给用户。携带式短路接地线操作设备结构如图 2.3 所示。

2. 压感模块

压感模块使用压力传感器在接地线紧固条件下采集压力值。压力传感器包含三个主要部分：谐振器、敏感膜片和信号调理电路。敏感膜片感知压力变化，导致谐振器的刚度和固有谐振频率发生变化，信号调理电路则采集这些频率。压感模块如图 2.4 所示，D 和 A 分别为敏感膜片和载波施加锚点，B 和 C 为静电差分检测梳点和 O 动梳点。该传感器采用静电交叉 O 动电容检测。为提高数据采集的信噪比，需要在采集过程中采用调制解调方式以减少耦合信号和电噪声信号的影响。

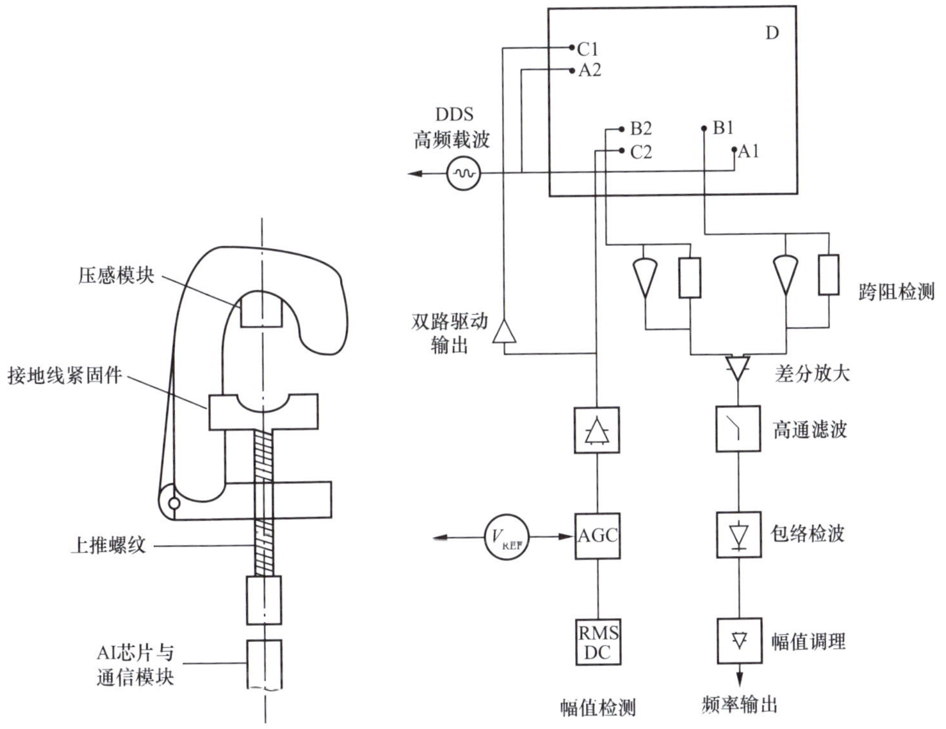

图 2.3　携带式短路接地线操作设备结构图

图 2.4　压力模块

3. 硬件电路

智能接地线内部模块组成如图 2.5 所示。MCU 模块采用低功耗芯片

HC32L073 JATA，最低功耗可达 0.4μA。无线通信模块采用基于 SX1268 芯片的 M-XL6 模组。电源端配备稳压电容，天线端则添加了 50Ω 阻抗的 π 型匹配电路。控制引脚和 SPI 接口直接连接到 MCU，DIO2 引脚在模块内部实现了收发时天线端的模拟开关切换控制，模块外部引脚需要悬空。

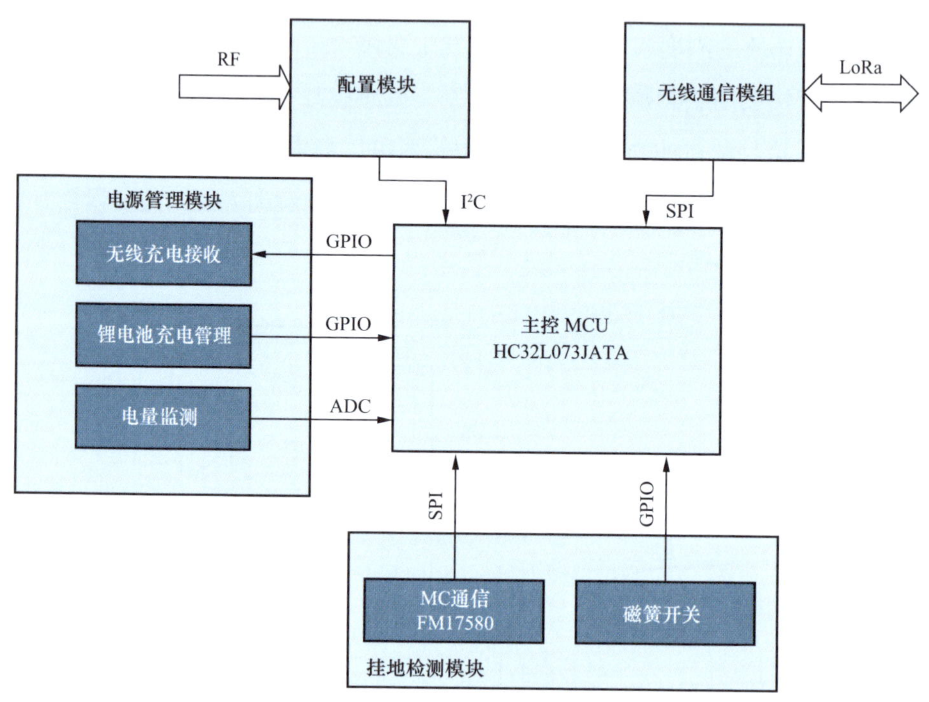

图 2.5　智能接地线内部模块

4. 组网方案

基于 WAPI 通信的无线智能接地线管理系统总体架构包括鉴别服务器（AS）、接入控制器（AC）、无线访问接入点（AP）和智能接地线模块等设备，如图 2.6 所示。鉴别服务器统一部署，采用双向认证和公钥密码技术实现证书的颁发、验证和吊销，确保无线通信终端与接入点在登录时通过 AS 进行身份验证。接入控制器在每个超特高压变电站和集控站进行部署，最多可管理 2048 个 AP，负责数据汇聚、设备配置、用户认证及安全控制。

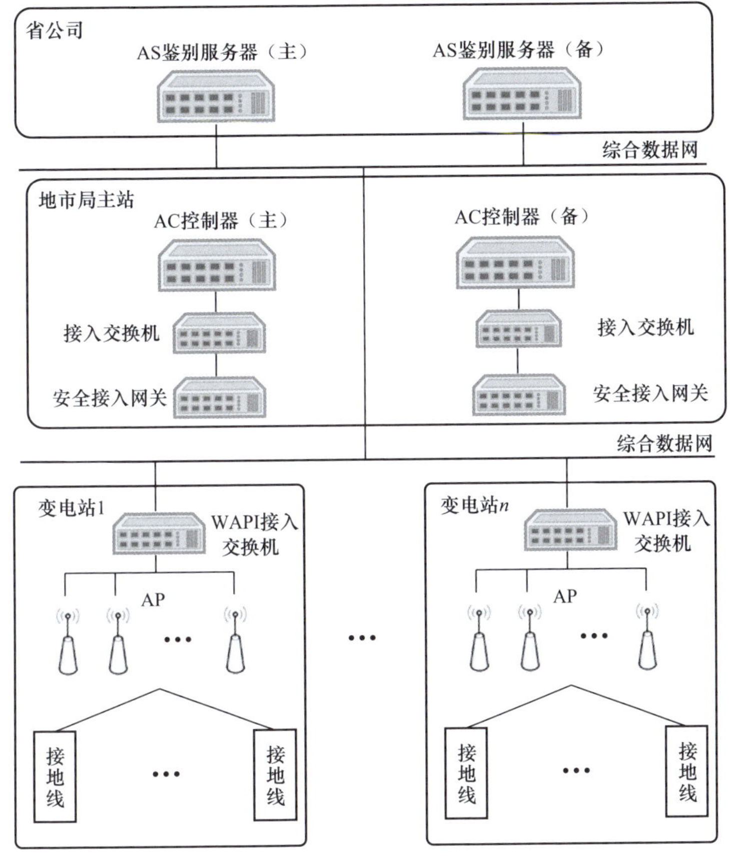

图 2.6　组网架构

2.1.3　智能验电器

我国对验电器的生产并没有统一的标准，就导致了验电器形状不一，容易拿错，一旦拿错验电器，不仅检修人员的生命安全没有了保障，还延误了停送电时间，带来严重后果。

采用基于网络平台化管理模式，实现对验电器设备的出入库管理、使用记录、对电力人员在电力流程的操作流程监控、对施工地理位置实时定位、对电力场景拍照留存等功能，从而实现对每台验电器、接地线设备的生命周期全程跟踪，对每台设备的使用操作过程全程跟踪，通过技术方式规范验电器使用操作，对电力人员的操作方式全程监管，实现数据远程记录与查询，后台可评判操作规范，可查询具体人员信息与位置，设备可远程报警。从而，对高压电力检修施工操作起到规范化管理，对施工人员生命安全起到一定的保护作用。智能验电器结构如图 2.7 所示。

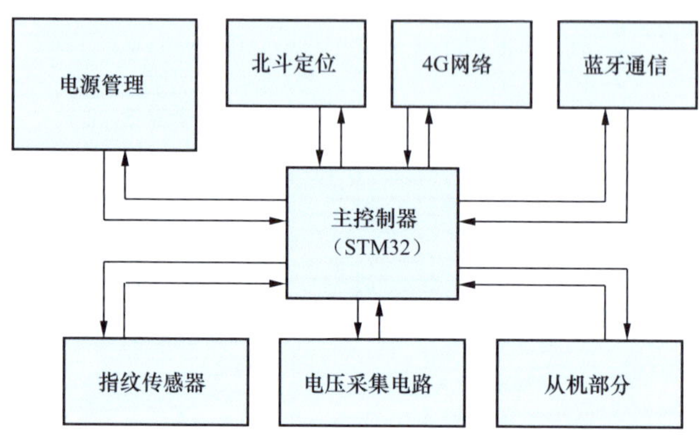

图 2.7 智能验电器结构图

1. 电容指纹传感器

指纹数据采集通过主动式指纹模块实现，该模块具有高灵敏度、快速动态响应、强适应性和抗过载能力。其检测原理是将驱动信号施加于被检测手指，以增强指尖表面电荷。当手指接触电容感应器时，由于指纹纹路的波峰与波谷产生电荷差，感应电荷数据经转换放大后形成指纹电荷数据，经过数学处理可得到指纹图像信号。手指上的电压变化率与电容值之间存在比例关系如下

$$I_{\mathrm{REF}} = C\frac{\mathrm{d}V}{\mathrm{d}t} \tag{2.1}$$

式中 I_{REF}——参考电流；

C——电容值；

$\mathrm{d}V$——电压变化值。

2. 电压信号采集电路

电压信号采集电路选用 IDT90E36 电能计量芯片。IDT90E36 采用双口静态随机存取存储器（DPRAM），通过 7 条引线与 STM32 连接，实现数据通信，包括 1 条 DMA 控制线、2 条状态控制线 PM0 和 PM1，以及 4 条 SPI 引线，支持 DMA 功能获取 ADC 原始数据，如图 2.8 所示。

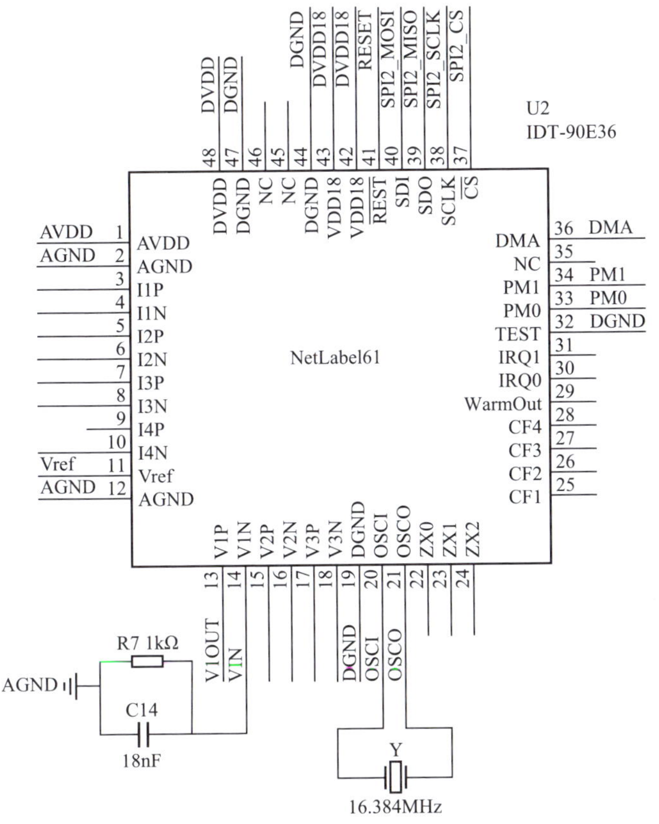

图 2.8　电压信号采集电路

3. 验电器无线通信

无线通信模块选用 RFM73，采用 SPI 通信模式，因其高速、全双工和同步特性，只需四根线，节省了芯片管脚和 PCB 布局空间，使用方便。SPI 通常由一个主模块和多个从模块组成，通过选择从模块进行同步通信来交换数据。RFM73 支持突发模式传输和高达 2 Mbit/s 的空气数据速率，非常适合超低功耗应用，通过简单的单片机即可实现嵌入式数据包处理。

4. 验电器从机部分原理

从机部分采用 MSP430 单片机作为主控制器，使用 SPI 通信协议与 RFM 73 通信模块，实现接收主机发送的数据、显示数值、进行语音播报、显示采样状态、指示当前状态、将按键指令传递给主机等功能。

2.1.4 智能安全带

高处坠落事故的原因主要包括设计和管理不到位以及人员未正确使用安全带等坠落防护措施。电力施工人员安全意识不足包括未穿戴安全带、穿戴不当、未系挂等。在监管方面，如缺乏对安全带全生命周期的监管，导致固定销缺失、挂舌变形、挂绳断股等问题，以及现场监管人员配比不足。

结合物联网技术，部署智能安全带管理系统可以实时监控人员的安全带使用情况，将被动防护转变为主动提醒，提升安全管理效果，改善作业人员穿戴安全带的积极性，从而更好地保障人身安全。智能安全带结构及使用流程如图 2.9 和图 2.10 所示。

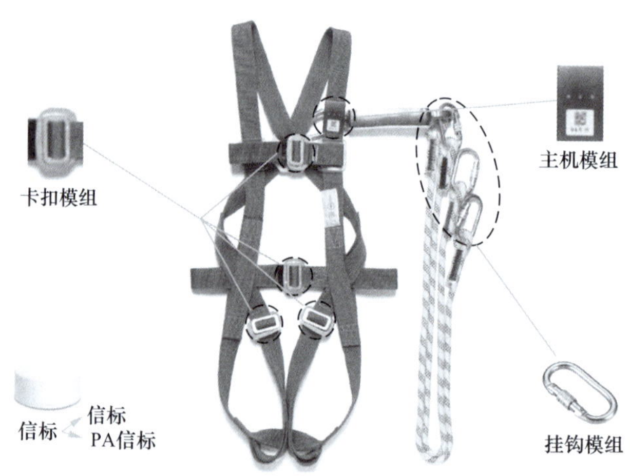

图 2.9　智能安全带结构

安全带主机由通信系统、GPS+4G 定位系统、智能语音预警喇叭、电源等部分组成。BLE 5.0 蓝牙通信用于设备间信号传递和电子信标检测，GPS 定位帮助获取危险区域的位置，4G 用于上传主机位置信息，而智能语音报警喇叭则用于危险行为提醒。

传感卡扣与挂钩会根据磁场强度变化电压，磁场强则电压高，反之则低。当电压超过一定阈值时，开关闭合，信号通过蓝牙传输到主机。主机通过 4G 上传数据到服务器，服务器根据逻辑判断是否发出危险预警，并下发指令给主机，主机再根据安全带穿戴情况发出相应语音提醒。

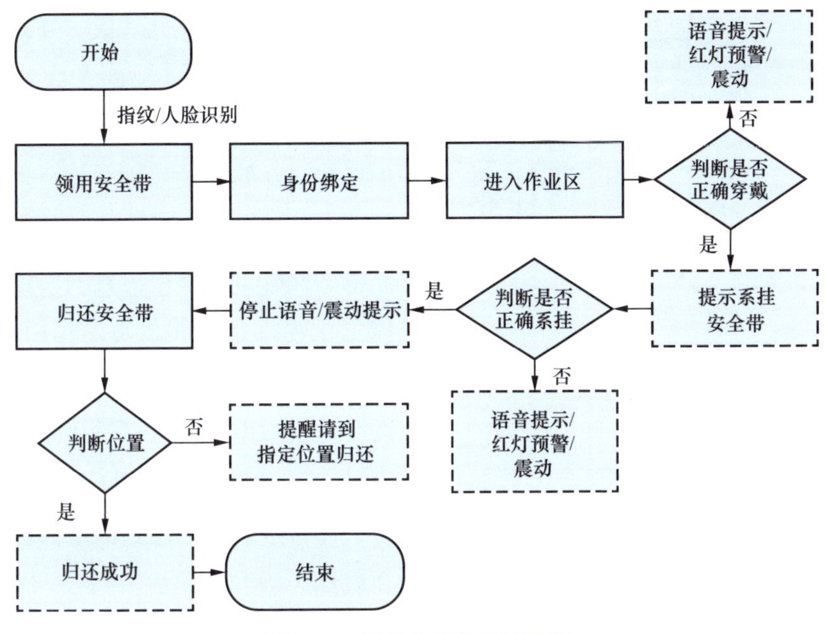

图 2.10 智能安全带使用流程

通过在危险作业区域放置信标，可实现危险区域的三维划分。智能模块与信标站集成 BLE 5.0 技术，通过检测 RSSI 值计算目标与信标站的距离，从而判断是否进入危险区域。

2.1.5 智能穿戴安全工器具

1. 智能电力绝缘鞋

智能电力绝缘鞋内置压力传感器，结合无线通信和物联网技术，监测作业人员的运动和足底压力，及时提醒操作人员注意安全。

智能鞋垫主要由信息采集模块、数据处理模块、无线通信模块和终端显示模块四部分组成。信息采集模块包含鞋垫材料、压力传感器和电源，将足底压力转换为电信号。数据处理模块将压力信号实时处理、分析和存储，确保数据安全。随后，利用蓝牙、GPRS 或 Wi-Fi 等通信技术将数据传输至终端设备，用户可通过应用程序实时监控足底压力分布，跟踪足部健康及步态变化。这四个部分协同实现了实时监测、数据传输、处理和用户显示的全面功能。足底压力监测智能鞋垫模块如图 2.11 所示。

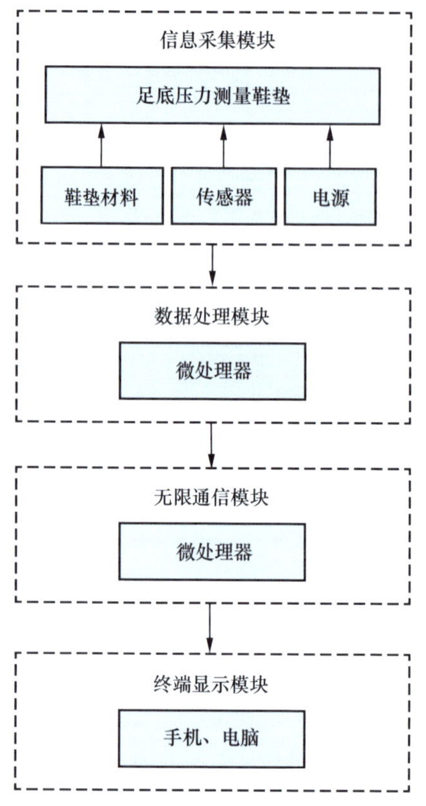

图 2.11 足底压力监测智能鞋垫模块

柔性传感器使用柔性基板、导体、半导体和电介质材料，以反映足底压力变化。压力信息通过电子电路传输，经过算法处理后记录穿戴者的压力分布、步态和步频等关键数据，并实时传输至其他设备进行分析。此外，鞋垫中内置的惯性传感器也能记录足部运动和步态，包括步幅、步频、支撑相和摆动相等参数。

柔性基板常用材料有聚酰亚胺、聚对苯二甲酸乙二醇酯、聚二甲基硅氧烷等。导体的选择直接影响传感器的电性能，常选用金属纳米颗粒、碳纳米颗粒、碳纳米管和纳米线等导电材料。半导体用于控制电流，有机半导体和硅基半导体是半导体材料的常见选择。聚乙烯醇（PVA）和 PET 常用作电介质材料，隔离和保护导体和半导体，防止短路和损坏。这些材料的巧妙组合使得柔性压力传感器在保持高性能的同时，具备了可穿戴和可弯曲的特性。

2. 手势识别智能绝缘手套

智能绝缘手套能够将电力作业人员手的空间运动状态转换成数字信息，这种数字信息可以作为控制指令来操控计算机或机器人的运动，从而实现一种更为灵活、快捷的人机交互方式。

智能手套系统从功能上可以分为用于检测手指弯曲角度的弯曲角度检测模块；用于检测指尖压力的压力检测模块；用于检测手掌朝向的倾角检测模块；以及用于通信的蓝牙模块和供电的电源模块，如图 2.12 所示。

基于现有技术，智能手套核心为 32 位 Cortex-M3 核的 STM32F103T8U6 微处理器，负责控制传感器模块和数据处理。MMA7455 倾角传感器用于检测手掌朝向，将数据发送至 MCU；压力传感器和弯曲度传感器则测量指尖压力和手指弯曲角度，数据经过模/数转换后发送。系统还通过蓝牙模块与手机通信，实现短距离数据传输，整体方案综合显示手部运动状态，提升用户体验。

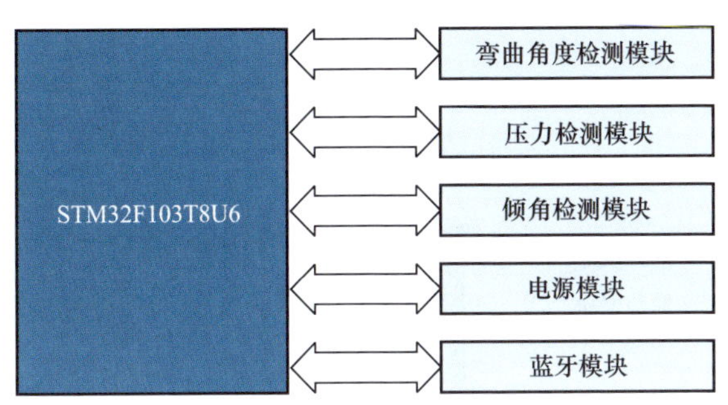

图 2.12　智能手套系统模块

曲角度检测采用 Spectra Symbol 公司的 Flex Sensor，该传感器通过可变电阻原理检测手指弯曲度，电阻变化引起电压变化，根据信号可以计算出弯曲角度。压力检测模块使用 FSR400 压力传感器，该传感器同样基于可变电阻原理，能够测量指尖压力，范围为 0.2 ～ 20N。倾角检测模块采用飞思卡尔的 MMA7455 数字三轴加速度传感器，具备 I2C/SPI 数字输出、低功耗、信号调理等功能，并支持多种加速度校准。

3. 智能手环

智能手环在电力作业中的应用越来越广泛，主要通过集成各种传感器和智能功能来提升作业人员的安全性和效率。智能手环提升了作业人员的安全性与作业效率，为电力行业的智能化、数字化转型提供了有力支持。

智能手环系统采用模块化设计，方便程序调试和定期维护。智能手环具备低成本、低功耗和便携性，集成心率检测、跌倒检测、近电告警和通信模块，能够监测电力作业人员的身体状态及发出警报。智能手环系统整体框架图 2.13 所示，主控芯片连接各功能模块。心率检测模块采集检修人员心率，跌倒检测模块监测运动状态以防跌倒，近电告警模块在靠近高压设备时发出警报，确保安全。显示模块负责展示各项功能，通信模块实现数据传输，电源模块提供供电支持。

智能手环设计采用非侵入式心率检测方法，主要有心电信号法、动脉血压法和光电容积脉搏波描记法三种。前两种方法检测难度大且成本高，不适合电站检修人员长期使用。光电容积脉搏波描记法通过恒定光源照射皮肤，检测由于心脏送血引起的光吸收变化，从而获得心率信号。该方法精度高、功耗低且操作简单，适合智能手环设计。

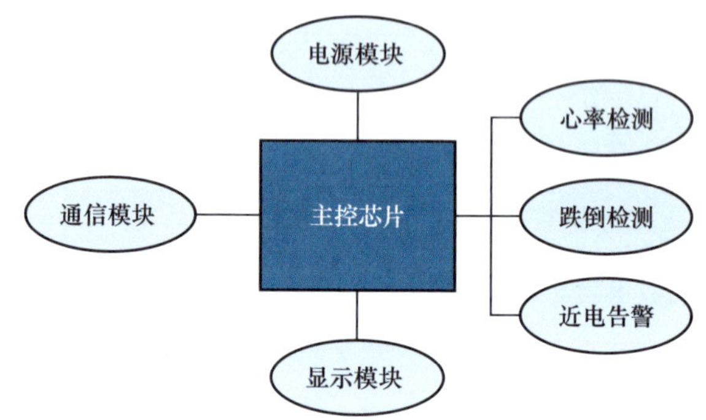

图 2.13　智能手环系统整体框架

考虑到电力作业人员可能发生跌倒的风险，智能手环引入跌倒检测功能。通过可穿戴设备的运动信息采集模块，获取不同方向的加速度和旋转角速度，并运用运动检测算法，实现跌倒行为监测。选用三轴加速度传感器，实时获取数据以提高检测精度。为了减少事故发生的概率，智能手环还嵌入了近电告警装置，利用电场感应技术提供“带电显示”和“带电警告”功能，确保检修人员安全。

2.2　智能安全工器具无线定位技术

2.2.1　智能安全工器具室内定位技术

1. 超宽带（UWB）室内定位技术

超宽带（UWB）室内定位技术是一种基于极窄脉冲信号的定位方法，因其具有多项显著优点而受到广泛关注。这些优点包括高传输速率、强穿透力、低功耗、良好的抗干扰能力、高安全性、相对简单的系统设计以及高定位精度（通常为 6 ～ 10cm）。因此，UWB 技术在多层建筑施工、智能仓库管理和机器人运动跟踪等应用场景中表现出色。

然而，UWB 技术也存在一些缺陷，包括高成本、技术研发难度较大、频谱利用率较低以及数据传输速率相对较低。这些局限性在一定程度上限制了其在某些应用领域的普及。该技术的工作原理主要采用三角定位法和多边定位法等方法，以实现高精度的室内定位。

2. 射频识别（RFID）

射频识别（RFID）是一种非接触式、非视距的定位技术，因其具有短响应时间、大传输范围和较低的标签成本等优点而被广泛应用。该技术常用于仓库、工厂及商场的货物流转定位，以及博物馆藏品的出入库管理，其定位精度通常为 5cm ～ 5m。

RFID 的工作原理包括邻近探测法和多边定位法，虽然其操作方式与条码扫描相似，但 RFID 标签与识别器之间并不要求视线直接相通，标签甚至可以嵌入被追踪物体中。这一特性使 RFID 技术在实用性上具有更高的灵活性。

RFID 技术也存在一些不足之处，如作用距离较短、易受信号干扰、安全隐私保障难度较大、与其他系统整合不够便捷以及标准化方面尚不完善。这些挑战在一定程度上限制了 RFID 技术的进一步发展和应用。

3. Wi-Fi 定位技术

Wi-Fi 定位技术作为一种成熟的室内定位解决方案，具有以下显著优点：覆盖范围广、成本低廉、能够充分利用现有基础设施以及便于系统扩展。该技术在景区公园、医疗机构、考勤签到、工厂和商场等多种场景中得到了广泛应用。在室内定位领域，Wi-Fi 和蓝牙技术均为先行者，相关研究已相对成熟。

Wi-Fi 定位技术的定位精度相对较低，通常介于 2 ～ 50m，且易受到周围环境的干扰。此外，Wi-Fi 基站的质量和稳定性也会对定位效果产生影响。其工作原理包括邻近探测法、三角定位法和指纹定位法等多种方法。

4. 蓝牙定位技术

蓝牙定位的工作原理包括三角定位法、邻近探测法和指纹定位法等多种方法。特别是 iBeacon 的推出，由于其低功耗和成本效益，使其成为该领域的研究热点。该技术具有低功耗和低成本等优势，适用于多个场景，如商场、医院、物品防丢、娱乐场所及疫情接触追踪等。

蓝牙定位技术的定位精度通常为 2 ～ 10m，存在传输距离有限和节点数量较少的局限性。

5. 超声波室内定位技术

超声波室内定位技术以其较高的定位精度（可达厘米级）而受到关注。该技术具有结构简单、数据整体把握能力强以及良好的抗干扰性能，从而有效实现室内定位失误的问题。

该技术容易受多径效应和非视距传播的影响。此外，超声波定位需要大量基础硬件，并且在信号传输过程中可能出现明显的信号衰减，这可能会导致定位有效范围的限制。超声波定位主要适用于移动机器人和无人车间等特定场所，其工作原理通常采用多边定位法。

6. 红外线定位技术

红外线定位技术在空旷室内环境中能够实现较高的定位精度，其优点包括对红外辐射源的被动定位能力和较强的隐蔽性。然而，该技术同样存在一些不足之处，例如其依赖于直线视距，导致易受到障碍物的遮挡，并且传输距离较短。此外，红外线定位精度常常受到热源和照明设备的干扰，该技术需要进行大量密集的传感器部署，从而导致较高的硬件和施工成本。

红外线定位精度一般为 5 ～ 10m，适用于军事、高等级安防领域以及室内自走机器人的定位。红外线定位的工作原理主要包括邻近探测法和图像处理技术。

7. ZigBee 定位技术

ZigBee 定位技术以其低功耗和高通信效率而受到青睐，主要通过信号强度指标（RSSI）、时间差定位（TDOA）和三角定位（Trilateration）等方法实现定位。其信号传输容易受到多径效应和移动因素的显著影响，且定位精度依赖于信道的物理品质、信号源的密度、环境因素以及算法的准确性。

ZigBee 具有自组网能力、成本效益高和适合短距离通信的特点，定位精度一般为 1 ～ 2m，广泛应用于智能家居、资产追踪和健康监护等领域。

2.2.2 智能安全工器具室外定位技术

1. GPS 定位

GPS（全球定位系统）是美国所建立的卫星导航系统，于 1994 年全面建成。该系统提供两种主要定位服务：标准定位服务（SPS）和精密定位服务（PPS）。其中，SPS 主要面向民用用户，而 PPS 则主要为美国及其盟军的军事部门及其他特许机构提供服务。

GPS 的空间部分由 24 颗轨道高度约为 2.02 万 km 的卫星组成，目前在轨运行的卫星数量已达到 31 颗，确保在正常情况下，地球任何位置至少可观测到 7 颗卫星。这一布局为 GPS 系统的可靠性和有效性提供了保障。

GPS 的地面部分由 1 个主控站、5 个监测站和 3 个注入站构成。监测站的主要功能是观测 GPS 卫星并将相关数据传输给主控站，主控站通过解算卫星数据来编制星历，以确保卫星的正常运行并维持高精度的时间系统。此外，GPS 卫星内部配备有四台高精度原子钟（包括 2 台铷钟和 2 台铯钟），为系统提供高精度的时间基准和高稳定度的频率基准。随着 GPS 上原子钟性能的不断提升以及卫星型号的进步，GPS 广播星历的钟差预测精度也得到了进一步增强。

2. GLONASS 定位

GLONASS（全球导航卫星系统）于 1993 年正式投入使用，并在 2011 年底实现全球覆盖。该系统由 24 颗中轨道（MEO）卫星组成，卫星分布于三个轨道面上。GLONASS 卫星可分为三种类型：GLONASS、GLONASS-M 和 GLONASS-K。

GLONASS 的地面控制部分主要位于前苏联地区，包含 1 个主控站、5 个跟踪站、2 个卫星激光测距（SLR）站以及 10 个监测站。为了进一步提高 GLONASS 的空间信号精度，俄罗斯还在国外（如巴西和南极等地）建设了新的卫星观测站。至 2020 年，GLONASS 的空间信号精度已提升至 0.6 米以下。

该系统采用频分多址（Frequency Division Multiple Access，FDMA）技术传输信号，所有卫星以 15 个不同频率传输相同的码，这与其他系统采用的码分多址（Code Division Multiple Access，CDMA）方法有所不同。此外，GLONASS 发布的广播星历也有所独特，系统通过直接提供卫星在参考时刻的坐标、速度和加速度，使得用户能够利用龙格—库塔（Runge-Kutta）积分方法计算卫星位置。

3. Galileo 定位

Galileo 是由欧盟于 2016 年 12 月 15 日正式宣布服务的全球导航卫星系统，该系统的运营由欧洲 GNSS 机构（GSA）与欧洲空间局（ESA）共同负责。Galileo 系统由 30 颗卫星组成，这些卫星分布在三个轨道平面上，轨道高度为 23222 公里，轨道倾角为 56°，其设计主要为民用。

每颗 Galileo 卫星都配备两台基于铯原子频标和微波激射器技术的高精度时钟，这确保了卫星能够稳定而精准地辐射相关的微波信号。Galileo 系统以其卓越的空间精度而著称，卫星信号的频率被划分为 E1、E5、E6、E5a 和 E5b 五种类型。

目前，Galileo 主要提供五种服务，包括开放式导航（Open Access Navigation）、商业导航（Commercial Navigation，面向授权用户）、安全生命导航（Safety of Life Navigation）、公共监管导航（Public Regulated Navigation，面向授权用户）和搜救服务（Search and Rescue）。其中，开放式导航服务能够实现 1m 以内的定位精度。

4. 北斗定位

北斗卫星导航系统（BDS）是中国自主研发的卫星导航定位系统。该系统由三种类型的卫星组成，包括 3 颗地球静止轨道卫星（Geostationary Earth Orbit，GEO）、24 颗中圆地球轨道卫星（Mid-circular Earth Orbit，MEO）和 3 颗倾斜地球同步轨道卫星（Inclined Geosynchronous Satellite Orbit，IGSO）。截至 2023 年 5 月 17 日，中国已成功发射 56 颗卫星。BDS 是全球首个全星座具备三频信号的卫星导航系统，其频率点分别为 B1、B2 和 B3。相较于北斗一号和北斗二号，北斗三号在发射卫星数量和技术先进性上均有显著提升，能够为全球范围内提供导航和定位服务。此外，北斗系统还具备与其他全球卫星导航系统（如 GPS、GLONASS 和 Galileo）的兼容性。

北斗三号卫星系统由三种不同轨道的星座混合构成，分别为地球同步轨道卫星（Geosynchronous Orbit，GEO）、倾斜地球同步轨道卫星（Inclined Geosynchronous Orbit，IGSO）和中圆地球轨道卫星（MEO）。BDS-3 广播全新的卫星导航信号，这些信号与其他卫星导航定位系统的信号展现出良好的兼容性和互操作能力。BDS-3 的民用公开信号包括 B1C、B2a 和 B2b，这三种信号主要由 IGSO 和 MEO 卫星播发。此外，为了兼容 BDS-2，所有 BDS-3 卫星还同时播发 B1I 和 B3I 信号。在这五种信号中，B1C 为新增信号，而 B2a 则取代了原有的 B2I 信号。这两种全新信号完全具有自主知识产权，具有更强的抗干扰能力、更宽的带宽和更高的测距精度。

5. 其他区域卫星导航系统

日本政府建设的区域卫星导航定位系统被称为准天顶卫星系统（Quasi-Zenith Satellite System，QZSS），旨在增强国内及邻近地区的定位与导航服务。该系统通过特有的准天顶轨道设计，确保至少一颗卫星始终位于用户的天顶位置，从而提供厘米级的高精度定位，特别是在信号受到阻挡的城市环境中表现出色。QZSS 与其他导航系统兼容，不仅提供基本的导航功能，还具备实时差分服务和精确时钟同步等优势，广泛应用于交通、灾害管理和智能城市等领域。自 2010 年首颗卫星发射以来，QZSS 的建设与升级持续进行，以满足日益增长的全球导航需求。

印度空间研究组织开发和建造的印度区域导航卫星系统（Indian Regional Navigation Satellite System，IRNSS）旨在为印度及其周边地区提供精准的定位和导航服务。IRNSS 由七颗卫星组成，其中四颗卫星位于地球同步轨道，三颗卫星则处于倾斜地球同步轨道，确保在整个服务区域内至少有四颗卫星可见，从而实现高精度定位。该系统提供的定位精度可达 20m，在其扩展区域内则可实现更低的误差。IRNSS 不仅支持传统的民用定位服务，还提供安全信号及更高精度的差分定位服务，广泛应用于交通、农业、灾害监测和国防等多个领域。此外，IRNSS 与其他全球导航卫星系统兼容，使用户能够利用多种信号源，从而增强导航的稳定性和可靠性。该系统的实施使印度在全球导航服务方面实现了更大的自主性和技术进步。

6. 基站定位

基站定位，又称为移动位置服务（Location Based Service，LBS），是通过电信运营商的网络基于基站地理分布的大数据和相应算法，计算用户的位置信息。

基站定位的基本原理较为简单：基站位置是固定的，运营商在建立基站时可以依托专业地图数据确定基站的坐标。手机终端通过测量不同基站的下行导频信号，获取各基站下行导频信号的到达时刻（Time of Arrival，TOA）或到达时间差（Time Difference of Arrival，TDOA）。结合这些测量结果与基站的分布坐标，通常采用三角测量算法进行估算，从而实现移动电话的位置计算。

基站定位技术具有快速、简单和广泛覆盖等优点，尤其在城市和室内环境中，较卫星定位更具优势。然而，该技术也存在明显的缺点：定位精度通常为几十至几百米，受到环境因素（如建筑物遮挡和天气条件）的影响，可能导致位置偏差。此外，基站定位技术对移动网络的依赖性较强，一旦基站信号中断或覆盖不足，定位功能将无法正常运行。

基站定位广泛应用于用户位置跟踪、紧急救援服务、基于位置的服务（如导航和提醒），以及网络管理等多个场景。随着技术的不断进步，基站定位常与其他定位技术结合使用，以期提供更高的定位精度和更加完善的服务体验。

7. 实时动态载波相位差分技术

RTK（实时动态定位，Real-Time Kinematic）技术是一种基于全球导航卫星系统（GNSS）实现高精度定位的方法。通过利用基站与移动设备之间的实时差分数据，RTK 技术显著提高了定位精度，通常可达到厘米级，这使其非常适合于对定位精度要求较高的应用场景。

传统的 RTK 系统（见图 2.14）通常由一台基站和一台或多台流动站（移动设备）组成。基站设置在已知位置上，负责接收 GNSS 卫星信号并计算其自身的位置。基站通过接收卫星信号，将其与已知的地面坐标进行比较，以计算出定位误差。随后，基站将计算得出的误差信息通过无线电、网络或其他通信

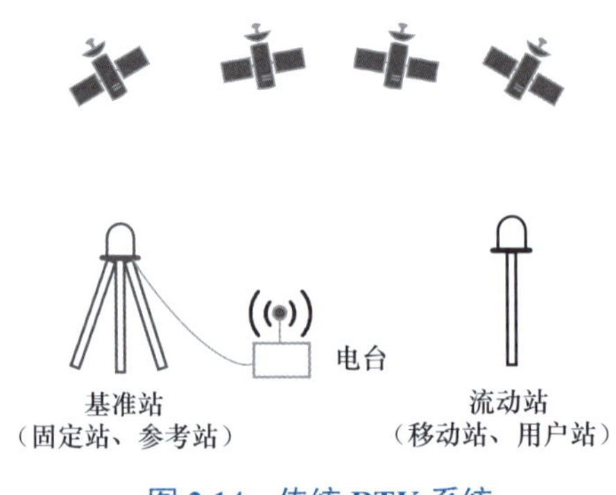

图 2.14　传统 RTK 系统

方式实时传输给流动站。流动站在接收到基站的差分信息后，利用这些数据对自身的位置进行修正，从而实现高精度定位。

传统 RTK 技术因其实施过程简单且成本低廉而被广泛应用。然而，该技术也存在明显的局限性，尤其是流动站与基准站之间存在距离限制。随着距离的增加，误差因素的差异会显著扩大，从而导致定位精度的下降。此外，一旦距离超过无线电台的通信范围，流动站与基准站之间的连接将中断，进而影响定位功能的正常运作。为克服传统 RTK 技术的缺陷，网络 RTK 技术应运而生。

网络 RTK 技术（见图 2.15）的核心在于在较大区域内均匀部署多个基准站（至少三个），形成一个基准站网络。这些基准站将收集到的数据传送至中央服务器。中央服务器根据接收到的数据，模拟出一个“虚拟基准站”。流动站则通过接收“虚拟基准站”提供的数据，对自身位置进行修正，完成最终的测量运算。通过这一方式，网络 RTK 技术有效扩展了定位服务的覆盖范围，提升了定位精度，克服了传统 RTK 技术的主要局限。

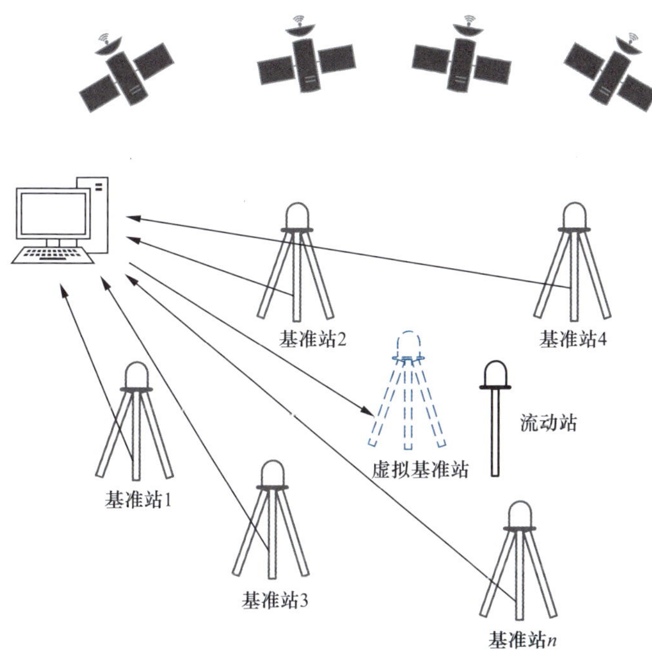

图 2.15　网络 RTK 技术

2.3 智能安全工器具电子标签技术

RFID 技术的基本原理是通过阅读器发射射频信号，以激活电子标签。标签随即将其存储的信息发送回阅读器，以便进行解码与处理。一个完整的 RFID 系统通常由阅读器、电子标签和应用软件组成。根据通信方式，RFID 技术可以分为感应耦合和后向散射耦合两种类型。一般来说，低频标签采用感应耦合，而高频标签则多使用后向散射耦合。阅读器包含耦合模块、收发模块、控制模块和接口单元，通过半双工通信与标签交换数据，并为无源标签提供能量。在实际应用中，该系统可通过 Ethernet 或 WLAN 实现远程数据采集和管理功能。RFID 数据传输如图 2.16 所示。

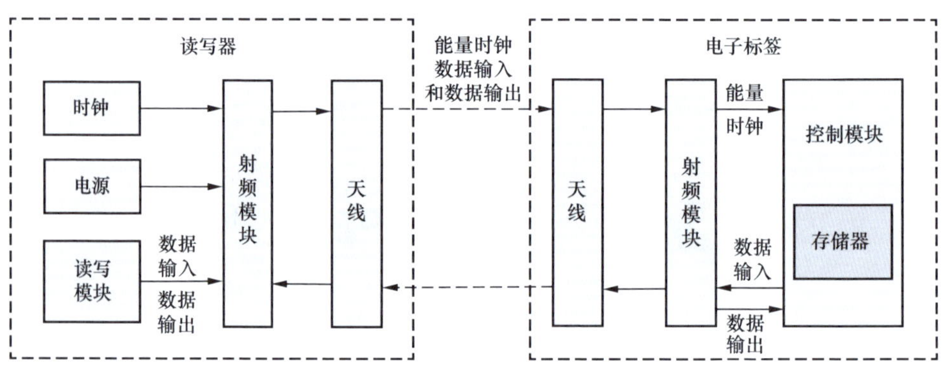

图 2.16　RFID 数据传输

阅读器是RFID系统的核心设备，用于读取标签中的信息或向标签写入数据。它通过发射射频能量形成电磁场，触发区域内的标签，并与其进行数据交换。阅读器通常由收发天线、频率产生器、锁相环、调制电路、微处理器、存储器、解调电路和外设接口组成。收发天线负责发送和接收信号，频率产生器生成工作频率，锁相环产生载波信号，调制电路加载发送信号，微处理器编解码信号，存储器保存数据，解调电路处理返回信号，外设接口则与计算机网络通信。

电子标签由收发天线、AC/DC 电路、解调电路、逻辑控制电路、存储器和调制电路组成。收发天线接收阅读器的信号并将数据返回给阅读器；AC/DC 电路将阅读器发射的电磁场能量转换为稳定电源；解调电路去除载波以提取原信号；逻辑控制电路负责译码并回发信号；存储器用于存放识别数据；调制电路则将逻辑控制电路输出的数据调制后送给阅读器。

射频识别技术根据标签供电方式分为无源 RFID、有源 RFID 和半有源 RFID 三类。无源 RFID 是最早和最成熟的类型，通过接收阅读器传输的微波信号和电磁感应获取能量，体积小、成本低，识别距离较短，适用于近距离应用。有源 RFID 则通过外接电源供电，主动发送信号，体积较大，识别距离可达百米，适合远距离应用。半有源 RFID 结合了两者的优点，通常处于休眠状态，通过低频信号激活后再进行高频数据传输，适用于同时需要定位和信息采集的场景。

随着 RFID 标准的制定与工艺的不断提高，RFID 已广泛应用于物流和供应链管理、零售库存监控、电子收费系统、资产管理等各个领域，在现代管理和自动化中扮演着越来越重要的角色。

2.4 智能安全工器具视频实时传输技术

1. 视频实时传输协议（Real-Time Streaming Protocol，RTSP）

RTSP 是一种实时传输协议，旨在 IP 网络上控制流媒体服务器的流式传输。RTSP 主要用于从媒体服务器传输音频、视频和其他多媒体数据，在控制媒体流的同时，还可以与用户进行交互。

它主要提供一系列命令，如 DESCRIBE、SETUP、PLAY、PAUSE 和 TEARDOWN，并与实时传输协议（RTP）、流式传输协议（RTMP）结合使用，能够高效地传输多媒体数据。RTSP 广泛应用于视频监控、在线视频点播、视频会议和直播流媒体等领域，确保了流畅的用户体验和灵活的内容控制。随着技术的不断进步，RTSP 在满足多样化用户需求和提升传输质量方面继续发挥重要作用。

RTP 通过 UDP 进行传输，具有较低的时延和较强的抗丢包能力。在 RTP 中，音频和视频数据会被分割成小的数据包，然后通过 UDP 进行传输。RTMP 是一种用于音频、视频和数据的流式传输协议。RTMP 通过 TCP 进行传输，提供了低延迟、高稳定性和良好的传输质量，适用于实时直播和点播等场景。

2. 传输编码

在视频传输中，传输编码是将原始视频信号转换成压缩格式的关键技术。常用的视频传输编码包括 H.264/AVC、H.265/HEVC 和 VP9 等。

H.264/AVC（Advanced Video Coding）是一种广泛应用的视频编码标准，具有高压缩比、较低的码率和较好的图像质量等特点，适用于流媒体应用、蓝光光盘和现场广播等。

H.265/HEVC（High Efficiency Video Coding）：H.265 是 H.264 的升级版，是一种高效的视频编码标准。相比 H.264，H.265 在保持较好视频质量的同时，可以减少约 50% 的码率，适用于 4K 和 8K 视频的流传输。

VP9 是 Google 推出的一种开源视频编码算法，具有高效压缩、良好的图像质量和较低的延迟等特点。VP9 适用于 WebRTC、YouTube 和 Google Duo 等应用。

AV1：新一代开放视频编码格式，比 HEVC 有更好的压缩性能，旨在取代 H.264 和 VP9，适用范围广泛，尤其在流媒体服务中有越来越多的应用。

3. 传输优化

为了提高视频传输的质量和稳定性，可以采用一些传输优化技术。常用的传输优化技术包括 QoS（Quality of Service）、FEC（Forward Error Correction）和 CDN（Content Delivery Network）等。

QoS 是一种网络服务质量保证机制，可以保证视频流传输的稳定性和实时性，如带宽、延迟、抖动和丢包率等。QoS 能够确保关键应用获得优先处理，保持良好的用户体验。此外，QoS 方案包括差分服务（Diff Serv）和集成服务（Int Serv）等标准，随着物联网和虚拟现实等新兴技术的发展，其重要性和复杂性也在不断增加。

自适应比特率流（ABR）技术根据用户网络带宽的变化，动态调整视频流的比特率。常见的自适应流媒体协议有 HLS（HTTP Live Streaming）和 DASH（Dynamic Adaptive Streaming over HTTP）。

FEC 是一种前向纠错技术，通过在发送端添加冗余信息，可以在接收端恢复丢失的数据包。FEC 可以提高视频传输的抗丢包能力，减少传输延迟和卡顿现象，适合于无线网络和高丢包率的环境。

CDN 是一种分布式的网络架构，将视频内容分发到多个节点，提高视频传输的速度和稳定性。使用分布在不同地理位置的服务器节点，把视频内容缓存至用户附近，减少传输距离和延迟，降低服务器负载，提升了用户访问速度和观看体验。

2.5 智能安全工器具管理系统

近年来，随着国内电力系统的快速发展，电网智能化水平不断提升，国内供电企业已经逐步启动信息化技术的管理方案，利用计算机软件技术、物联网技术、数据库技术、网络通信技术等，建立一套信息化的安全工器具管理平台，降低安全工器具管理业务的人力成本，提高管理工作的准确性和总体效率。

这里从系统功能模块、拓扑结构设计和系统软件功能模型设计等内容对智能安全工器具管理系统进行介绍。

2.5.1 系统功能模型

系统的总体功能模型（见图 2.17）中分为客户端、服务器端两大部分，采

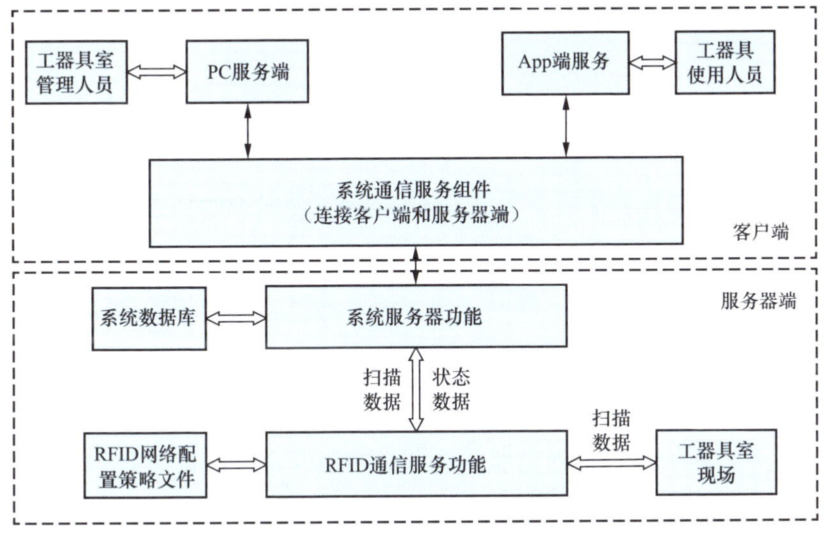

图 2.17 系统总体功能模型

用的是分布式的网络应用程序框架，具体技术选择的是 Web 服务架构，及 B/S 的功能模型。

总体功能模型中分为客户端、服务器端两大部分，采用的是分布式的网络应用程序框架，具体技术选择的是 Web 服务架构，及 B/S 的功能模型。

1. 客户端

系统的客户端包括 PC 端服务和 App 端服务，分别针对器具室管理员和器具使用人员。PC 端功能部署在器具室和高级管理员的办公主机上，基于 Web 服务页面，为管理员提供出入库管理、借出 / 归还管理、RFID 信息管理及查询统计管理等接口支持。App 端则部署在安全工器具使用人员的 Android 设备上，提供在线查询、借出与归还等功能。

2. 服务器端

服务器端主要包括系统通信服务组件、系统服务器功能组件和 RFID 通信服务功能。系统服务器功能组件是核心部分，通过 Web 服务封装基础信息管理、RFID 信息管理、器具流转管理及查询统计服务，为 PC 端和 App 端提供后台响应。RFID 通信服务功能组件用于与各个器具室建立通信，接收 RFID 终端设备的扫描和状态数据，并将其发送给系统服务器组件。同时，该组件基于 RFID 网络配置策略文件，提供 RFID 读写器的网络通信配置支持。此外，系统通信服务组件基于 Web 服务发布机制，利用如 Apache、Tomcat 或 WebLogic 等工具，为客户端提供后台支持。

2.5.2 拓扑结构设计

按照系统的总体功能模型和技术选型分析，系统网络拓扑结构基于 B/S 的 Web 服务模式实现，客户端分为 PC 端和 Android App 端，均基于 HTTP Web 服务模式和服务器端交互，同时还包含了各器具室内部署的 RFID 读写器终端，具体的拓扑结构如图 2.18 所示。

在系统的拓扑结构中主要的网段及拓扑节点包括如下：

（1）电力通信专网。提供器具管理员和器具使用人员的 PC 端、Android App 端的远程访问支持，接入客户端，实现对 Web 主机的远程访问。

（2）服务器数据网络。提供 Web 服务主机和数据库主机的接入服务，是本系统服务器端的核心，系统的核心功能部署在其中的 Web 主机中，为客户端的 PC 端和 Android App 端提供访问支持。

（3）工器具室数据网络。各器具室的内部网络，RFID 读写器基于该网络接入到本系统的数据通信通道，利用器具室数据网络和服务器数据网络之间的路由器设备，实现 RFID 扫描数据和 RFID 终端设备状态数据的上报。

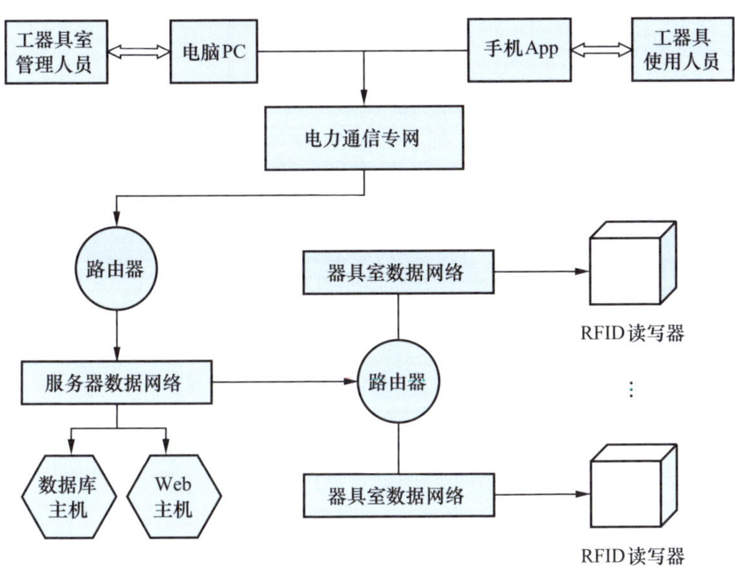

图 2.18 智能安全工器具管理系统拓扑结构

2.5.3 系统软件功能模型设计

服务器端功能体系为本系统的核心。在研发过程中，基于 Java Web 技术，需选择合理的 MVC 功能框架进行模型设计。MVC 模型是 Web 服务开发中最常用的理论框架，能够最大限度地发挥分布式软件的优势，提高研发效率。

在 Java Web 技术体系下，已有众多 MVC 实现组件包，如 Spring、SpringMVC、Hibernate、MyBatis 和 Flex 等。鉴于本系统为轻量级信息管理框架，采用了轻量级 MVC 实现框架 SSM（Spring/SpringMVC/MyBatis）模式，具体的系统软件功能模型设计如图 2.19 所示。

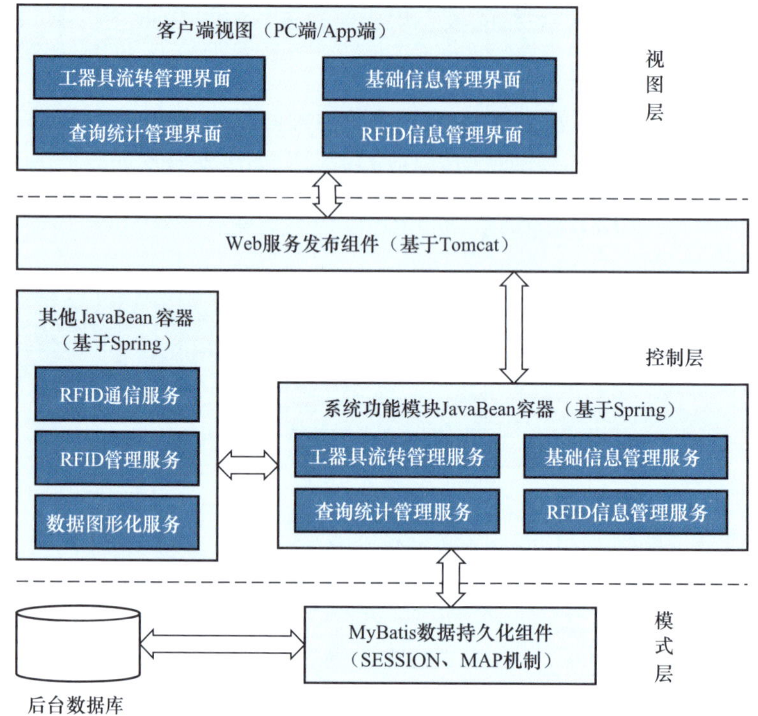

图 2.19　系统软件功能模型

2.6　智能安全工器具工作环境的电磁场特性

2.6.1　输 / 变电站环境的电场特性

电力工器具工作于输变电工程环境中，输变电工程的带电体均在其周围产生 50Hz 频率交变的准静态电场，如图 2.20 所示。

在工频电场中，电场方向周期性地变化，引起电场中的任何导体（不管其原来带电与否）内部正、负电荷的往复运动，从而产生静电感应。感应电动势的大小仅与导体的形状及外施电场的强弱有关，与导体本身的性质无关。

当任何一个导体处在电场中时，导体上的电荷也会产生电场，这个电场会叠加在原来的电场之上，改变导体附近的电场分布，这时导体周围的场称为“畸变场”。

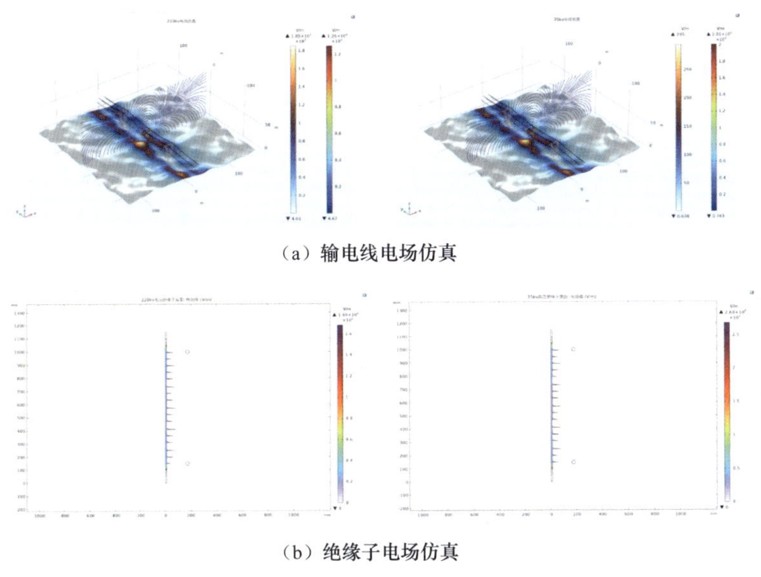

（a）输电线电场仿真

（b）绝缘子电场仿真

图 2.20　输电线与绝缘子电场仿真

工频电场由输电线路或带电设备的电荷（电压）产生，随电压的变化而变化。变电站、换流站的设备集中、连接线复杂，电场分布受带电导体、绝缘体和接地体的相互影响。输电线路的工频电场仅由三相导体产生，受地形、周围物体的影响。线路导线的布置方式决定了电场的分布。工频磁场由导体中的运动电荷（电流）产生，受导体附近物体影响较小，电流集中的地方和设备附近的磁场较大，线路导线的布置方式也与磁场的分布有关。

输电线路产生的工频电场的大小和分布与线路的结构、导线形式、排列方式、对地高度等因素有关。输电线路的工频电场一般在边相导线数十米外迅速衰减。典型的单回水平排列的输电线路工频电场的分布如图 2.21 所示。

从图 2.21 中可以看出输电线路的工频电场最大值出现在距线路中心位置10′20m，并且，随着与线路之间距离的增加，电场强度降低得很快；空间任一点场强的大小和方向都是随时间周期变化的。

变电站正常运行时的高电压、大电流以及开关操作产生的暂态骚扰等多种电磁骚扰相互作用，构成了特殊和复杂的电磁环境。特别是电力系统正朝着高电压、大容量方向发展，导致电力系统产生的电磁骚扰也更严重和复杂。

变电站电磁环境复杂，具有频率范围广，从工频、低频到高频振荡；电磁骚扰强度大，雷电电磁骚扰可能达到几十千伏；电磁骚扰的耦合途径有传导、感应和辐射等多种。

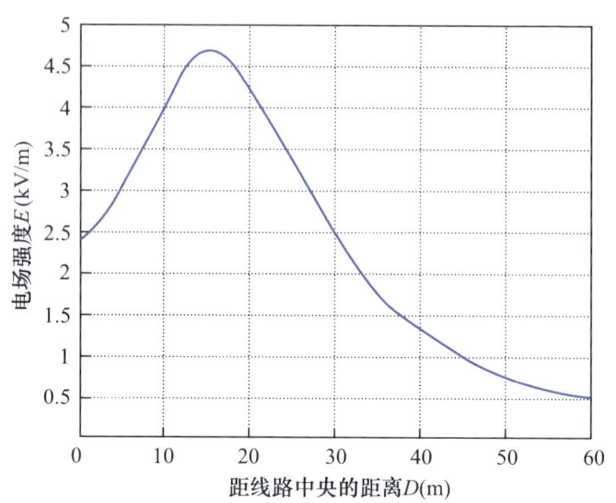

图 2.21　1500kV 单回线路工频电场分布图

交流高压变电站内的带电导体比线路复杂，地面电场主要由带电构架和高压电气设备产生的场强的合成，由于设备类型、结构和布置不同，不同区域的场强也不相同。我国 110 ～ 750kV 变电站内的电场均按 10kV/m 控制，1000kV 变电站的电场控制也不大于 15kV/m，实际上绝大多数区域均在 10kV/m 以下。

对 110 ～ 750kV 不同电压等级的超高压变电站的工频电场做了大量的现场测量工作。表 2.1 为测量得到的不同电压等级变电站电场分布的示例。

表 2.1　110、220、500kV 变电站内工频电场强度分布

变电站	工频电场在以下各场强水平（kV/m）的百分比（%）					
	$E \leqslant 4$	$4 < E \leqslant 6$	$6 < E \leqslant 8$	$8 < E \leqslant 10$	$10 < E \leqslant 12$	$E > 12$
110kV 变电站	98	1.31	0.37	0.33	0.33	0
220kV 变电站	21.50	40.30	30.49	6.21	1.48	0.00
500kV 变电站	38.94	31.71	17.20	17.20	10.90	10.67

2.6.2　输 / 变电站环境的磁场特性

输电线路的工频磁场仅由三相导体产生，受地形、周围物体的影响。线路

导线的布置方式决定了电场的分布。工频磁场由导体中的运动电荷（电流）产生，受导体附近物体影响较小，电流集中的地方和设备附近的磁场较大，线路导线的布置方式也与磁场的分布有关。

带电导体表面场强超过某一数值后，将引起附近空气电离，形成电晕，产生干扰的磁场。可以认为电晕放电产生干扰磁场是高压架空送电线路的固有特性，其基本频率在 30MHz 以内。

输电线路的导线、绝缘子或线路金具等的电晕放电产生，电晕形成的电流脉冲注入导线，并沿导线向注入点两边流动,从而在导线周围产生干扰电磁场。由于高压架空送电线路的导线上沿线“均匀地”出现电晕放电和电流注入点，考虑其合成效应，导线中形成了一种脉冲重复率很高的“稳态”电流，所以架空送电线周围就形成了脉冲重复率很高的“稳态”无线电干扰磁场。

超高压变电站内的工频磁场大小主要与导线对地距离、负荷电流大小和设备类型有关。我国对变电站的磁场目前没有控制指标，考虑到工作人员的健康和安全，一般情况下磁感应强度均要小于 100pT，实际上变电站的磁感应强度与 100pT 相比相差甚远。表 2.2 所示分别为测量的 110、500kV 变电站的磁场水平。

表 2.2　110、500kV 变电站（AS）内工频磁场强度水平的总体分布

变电站	工频电场在以下各场强水平 (μT) 的百分比 (%)						B_{max}(μT)
	$B \le I$	$1<B \le 3$	$3<B \le 5$	$5<B \le 7$	$7<B \le 10$	$B>10$	
110kV 变电站	72.13	18.53	6.43	1.23	0.98	0.69	4.65
500kV 变电站	27.06	40.23	16.30	7.21	4.75	4.45	7.97

对于不同电压等级的变电站，磁感应强度最大值一般出现在通流量最大，距离地面最近的导线下方。个别的变压器和电抗器因漏磁现象也可能产生较大的磁场。

3

智能安全工器具数据交互检测与评价

3.1 安全工器具预防性试验下表面电场分析

为了及时发现安全工器具的隐患，预防设备或人身事故的发生，需对安全工器具进行定期的耐压检测试验，以验证安全工器具在实际工作环境下的良好绝缘性能。

耐压试验采用的耐压电压远高于工器具工作环境的电压，如基本绝缘安全工器具中的 10kV 绝缘杆，其额定电压为 10kV，在耐压实验中采用的耐压电压为 45kV。对于手套、鞋子、绝缘胶垫等辅助绝缘安全工器具，其耐压试验电压也远高于工作环境电压。国网四川省电力公司自 2018 年开始分批推进内置电子标签的智能安全工器具，逐步实现安全工器具全寿命周期数字化转型升级。目前，已有约 24 万件内置电子标签的智能安全工器具在各类作业现场应用，数量已达到传统安全工器具总量的 38%。但是电子标签对安全工器具本体绝缘性能影响研究长期空白，缺乏电子标签植入、黏贴方式标准规范。亟需开展植入电子标签对安全工器具绝缘性能影响、温度、电场等环境因素对电子标签干扰以及安全工器具电子标签性能评价等问题。

本节建立了 110kV 及以下验电器等 4 类基本绝缘安全工器具和 10kV 绝缘胶垫等 3 类辅助绝缘安全工器具有限元分析模型，分析比较黏贴电子标签前后安全工器具在预防性试验下的表面电场分布，明确了安全工器具绝缘性能是否变化和电子标签最优黏贴位置。针对预植入电子标签的安全工器具，考虑不同绝缘材料介电常数和植入深度对电子标签谐振频率的影响，明确了植入电子标签选型和植入深度。

3.1.1　耐压试验工频电场的特点

工频电场是在带电体周围产生 50Hz 频率交变的准静态电场。在工频电场中，电场方向周期性（变化周期为 1/50s）地变化，引起电场中的任何导体内部正、负电荷的往复运动，从而产生静电感应。

耐压试验的工频电压可以表示为式（3.1）

$$V(t)=V_m\sin(\omega t+\varphi) \tag{3.1}$$

其电压在 $(-V_m, V_m)$ 之间变化，电场的方向由高电压指向低电压。当高电势的电压为 $V(t)>0$ 时，则电场的方向由高电势指向零电势；当高电势的电压为 $V(t)<0$ 时，则电场的方向由零电势指向高电势。图 3.1、图 3.2 中（a）给出了 45kV 工频电压分别加在平板与圆球上进行电势与电场仿真。其中，平行板上板端加工频电压，下板接地，左端金属球加工频电压，右端金属球接地。图 3.1、图 3.2 中（a）分别为电极为平板与圆球的电场仿真模型，(b)、(c) 给出工频电压达到最大值（即 45kV）时的电势分布情况，图 3.1、图 3.2 中 (d)、(e) 给出工频电压达到最小（即 −45kV）时的电场分布情况。通过仿真证实，其电压由 $+V$ 变化为 $-V$ 时，其电势在空间上的递减规律相同，电场的相位发生 180° 的改变，但电场模没有发生改变。

在上述分析中可见，电极分别加入 $\pm V_m$ 的电压，在同一区域产生的电场的强度相同，极性相反。在耐压试验中，变化的工频电压，产生的电场也是变化的。耐压试验关注的是安全工器具在工频耐压电压下的耐压特性。因此，本

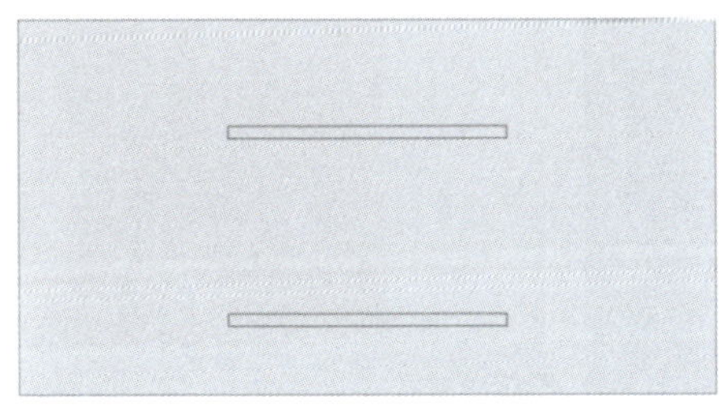

（a）平行板电场仿真建模模型

图 3.1　平行边的电势与电场仿真（一）

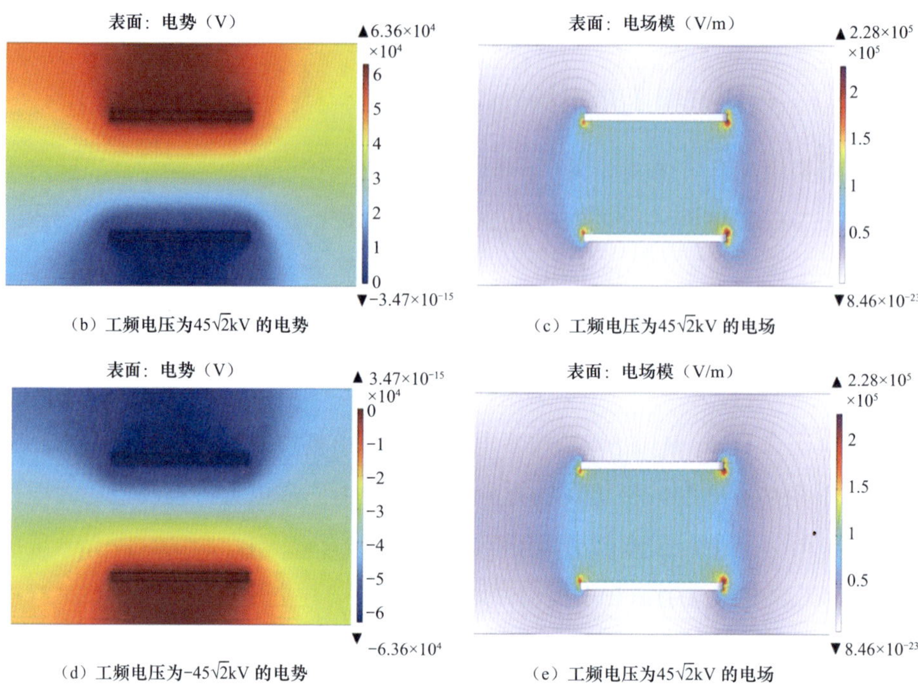

（b）工频电压为$45\sqrt{2}$kV 的电势　　（c）工频电压为$45\sqrt{2}$kV 的电场

（d）工频电压为$-45\sqrt{2}$kV 的电势　　（e）工频电压为$45\sqrt{2}$kV 的电场

图 3.1　平行边的电势与电场仿真（二）

（a）金属球电场仿真建模模型

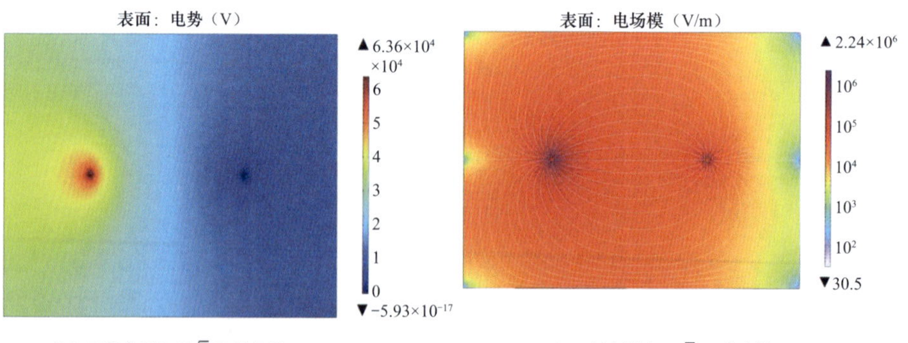

（b）工频电压为$45\sqrt{2}$kV 的电势　　（c）工频电压为$45\sqrt{2}$kV 的电场

图 3.2　金属球之间的电势与电场仿真（一）

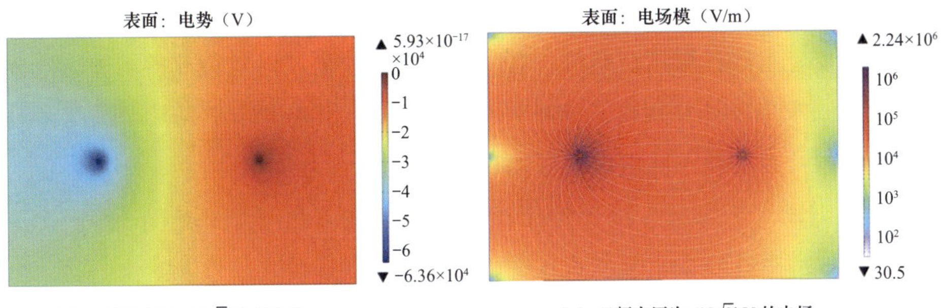

（d）工频电压为$-45\sqrt{2}$kV 的电势　　（e）工频电压为$-45\sqrt{2}$kV 的电场

图 3.2　金属球之间的电势与电场仿真（二）

报告对耐压试验的最大电压（即峰值电压）产生电场进行分析，研究耐压试验下安全工器具沿面的电场情况。

3.1.2　验电器、绝缘杆、接地绝缘棒黏贴电子标签前后耐压试验电场仿真分析

1. 验电器、绝缘杆、接地绝缘棒耐压试验要求

验电器、绝缘杆、接地绝缘棒按额定电压等级可分为 6、10、35、110kV 等，依据《电力安全工器具预防性试验规程》（DL/T 1476—2023），验电器、绝缘杆、接地绝缘棒耐压实验试验项目、周期和要求如表 3.1 所示。

表 3.1　验电器、绝缘杆、接地绝缘棒的试验项目、周期和要求

项目	周期	要求			
		额定电压（kV）	试验长度（m）	工频耐压 (kV)	
				1min	3min
工频电压试验	1 年	10	0.7	45	—
		35（20）	0.9	95	—
		66	1.0	175	—
		110	1.3	220	—
		220	2.1	440	—
		330	3.2	—	380
		500	4.1	—	580
		750	4.7	—	780
		1000	6.3	—	1150

2. 验电器、绝缘杆、接地绝缘棒耐压试验三维建模与电场仿真

在对安全工器具耐压试验进行有限元分析时，需要对复杂几何实体模型进行简化，以求降低计算代价。这里采用 COMSOL 搭建安全工器具电场的有限元分析模型，并实现不同电场问题的有限元求解。

按验电器、绝缘杆、接地绝缘棒的电气特性，利用 COMSOL 进行 1：1 三维建模，并进行安全工器具耐压试验的电势与电场仿真，建立的验电器、绝缘杆、节点三维耐压试验模型与仿真如图 3.3 ～图 3.5 所示。

3. 验电器、绝缘杆、接地绝缘棒耐压试验下沿面电场仿真分析

按表 3.1 的要求，额定电压（U_N）分别为 10、35（20）、66、110kV 的验电器、绝缘杆、接地绝缘棒的工频耐压电压（U_W）分别为 45、95、175、

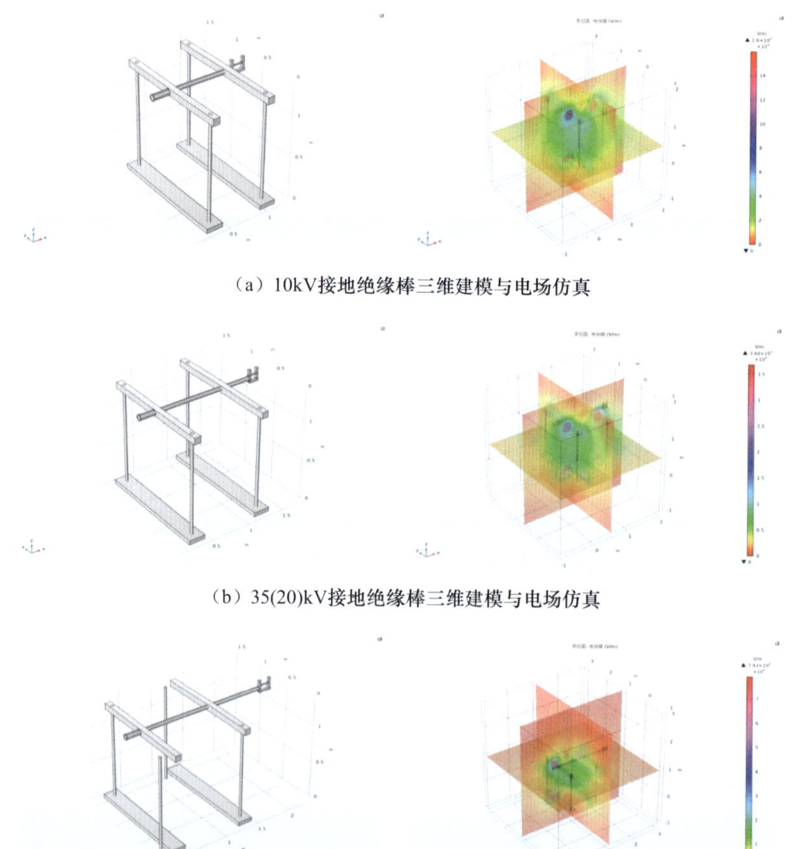

（a）10kV接地绝缘棒三维建模与电场仿真

（b）35(20)kV接地绝缘棒三维建模与电场仿真

（c）66kV接地绝缘棒三维建模与电场仿真

图 3.3　接地绝缘棒耐压试验下三维建模与电场仿真（一）

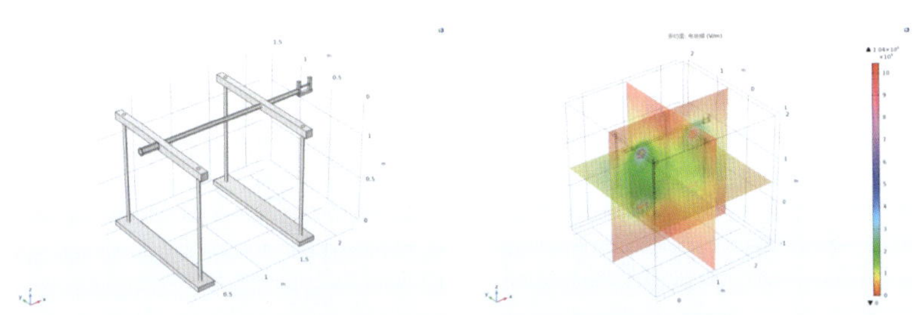

（d）110kV接地绝缘棒三维建模与电场仿真

图 3.3　接地绝缘棒耐压试验下三维建模与电场仿真（二）

220kV，试验长度（h）分别为 0.7、0.9、1.0、1.3m。

为了便于对电场的观察与分析，对耐压试验中验电器、绝缘杆、接地绝缘

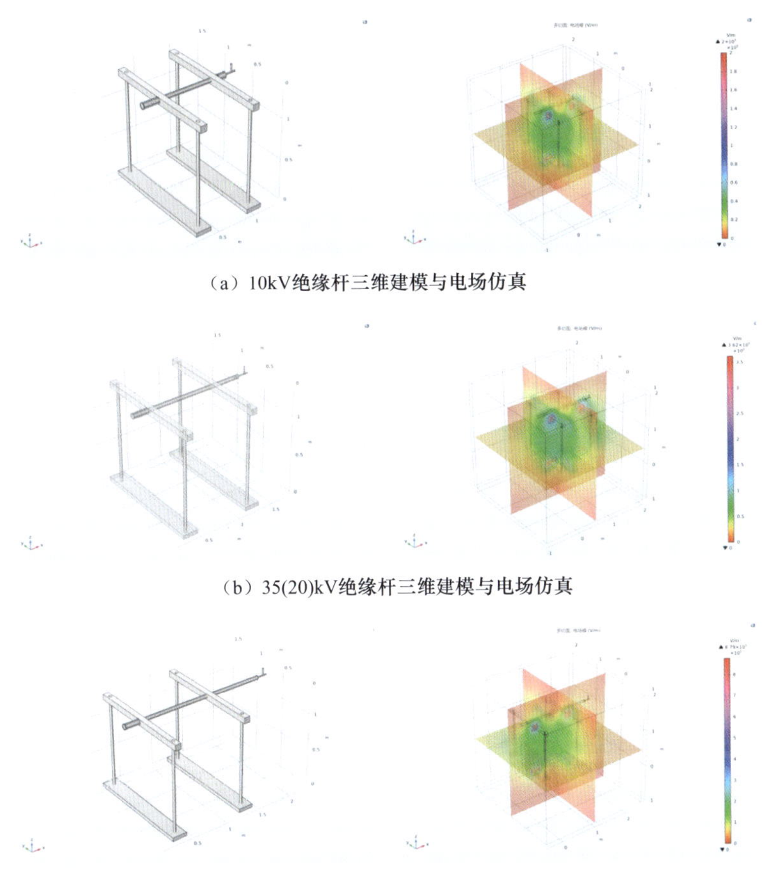

（a）10kV绝缘杆三维建模与电场仿真

（b）35(20)kV绝缘杆三维建模与电场仿真

（c）66kV绝缘杆三维建模与电场仿真

图 3.4　绝缘杆耐压试验下三维建模与电场仿真（一）

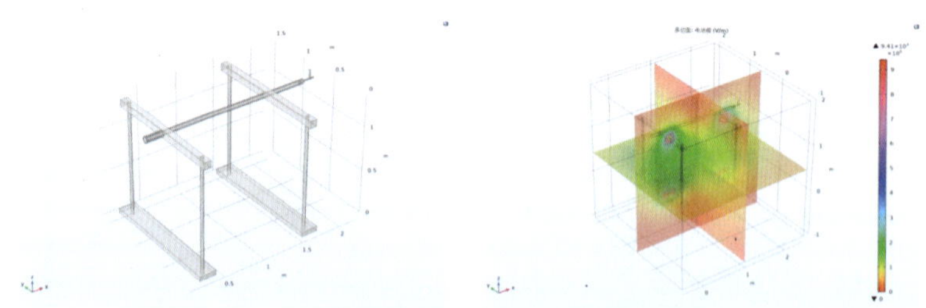

（d）110kV绝缘杆三维建模与电场仿真

图 3.4　绝缘杆耐压试验下三维建模与电场仿真（二）

棒耐压的沿面的二维切面的电场进行分析。由于验电器、绝缘杆、接地绝缘棒耐压试验的环境与参数都一致，这里选取验电器为例，分析的二维切面如图 3.6 所示。

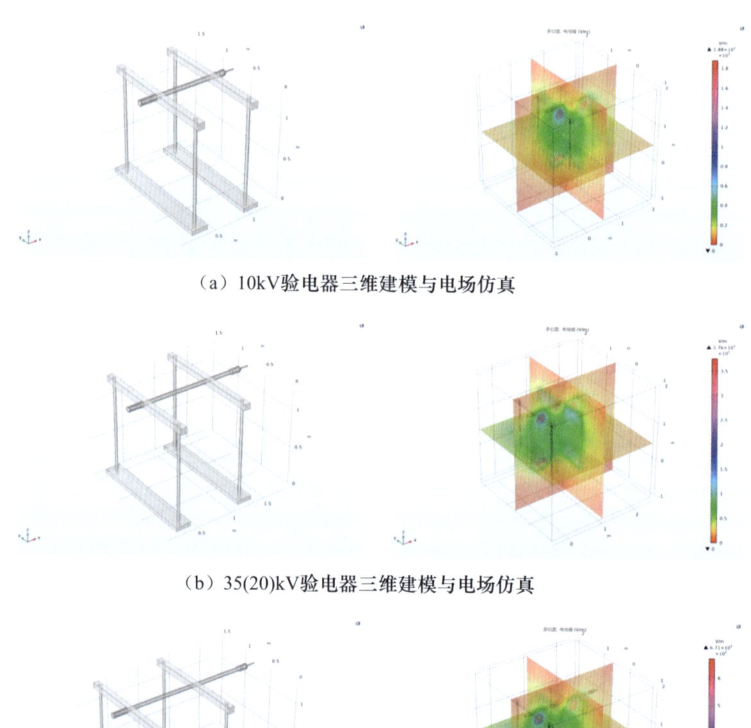

（a）10kV验电器三维建模与电场仿真

（b）35(20)kV验电器三维建模与电场仿真

（c）66kV验电器三维建模与电场仿真

图 3.5　验电器耐压试验下三维建模与电场仿真（一）

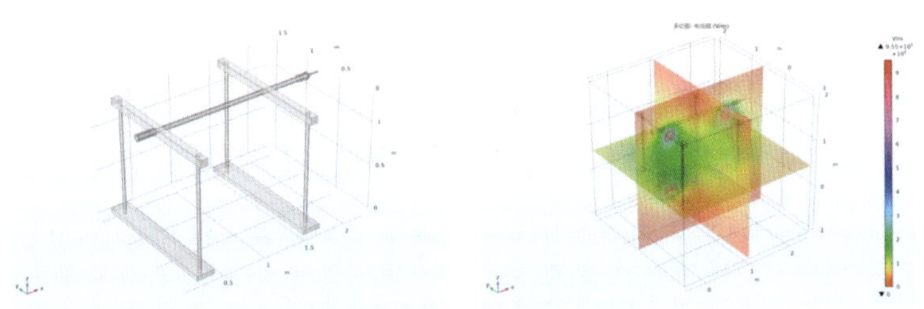

（d）110kV验电器三维建模与电场仿真

图 3.5　验电器耐压试验下三维建模与电场仿真（二）

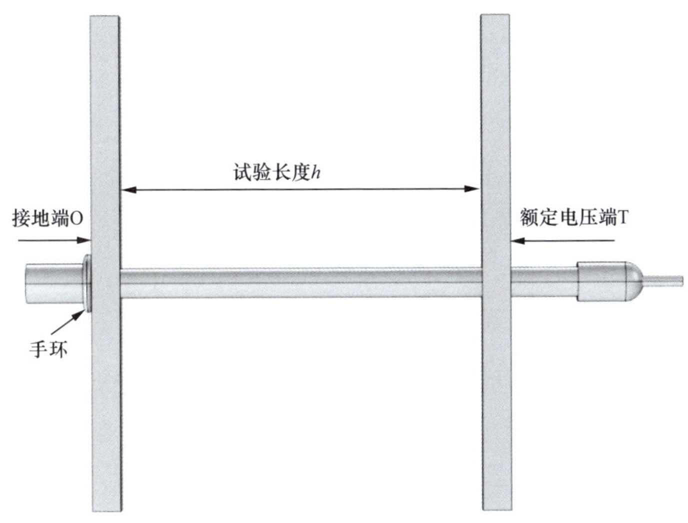

图 3.6　验电器耐压试验分析的二维切面图

分别采用与之对应的工频耐压电压、试验长度，对 10、35（20）、66、110kV 电压验电器、绝缘杆、接地绝缘棒耐压试验仿真分析。以验电器为例得到的电场分布情况如图 3.7 所示。

从图 3.7 中可以看出，验电器、绝缘杆、接地绝缘棒进行耐压试验，其测试区域的电场近似平行场。由于加压平行板的长度有限，两平行板之间中间区域的电场略有减小。

4. 验电器、绝缘杆、接地绝缘棒耐压下黏贴电子标签前后沿面电场对比分析

现有的验电器、绝缘杆、接地绝缘棒耐压试验方法对选取测试位置没有规定，为了便于对比分析，此处耐压试验选取的位置固定为绝缘手环处为接地

端，按照《电力安全工器具预防性试验规程》（DL/T 1476—2023）确定试验长度 h，离接地端 h 处作为高压加压端。为了便于分析黏贴电子标签前后的电场变化，对相应的参数按图 3.8 进行定义。令电子标签黏贴点到额定电压端 T 的距离为 Z，测试电场为验电器沿面的直线 L（即图中红色的线），线上点 A

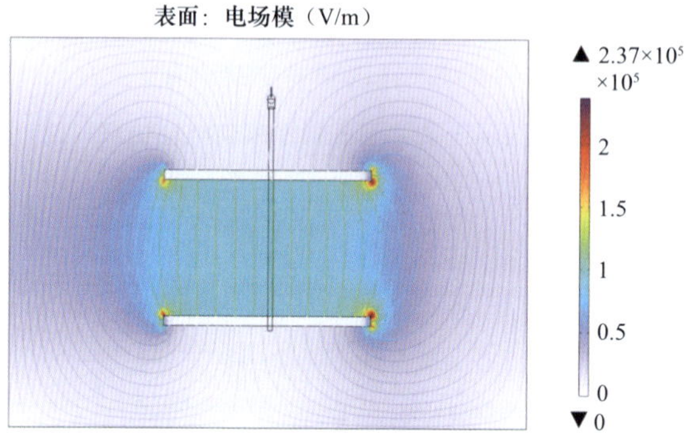

（a）10kV验电器耐压试验电场分布仿真

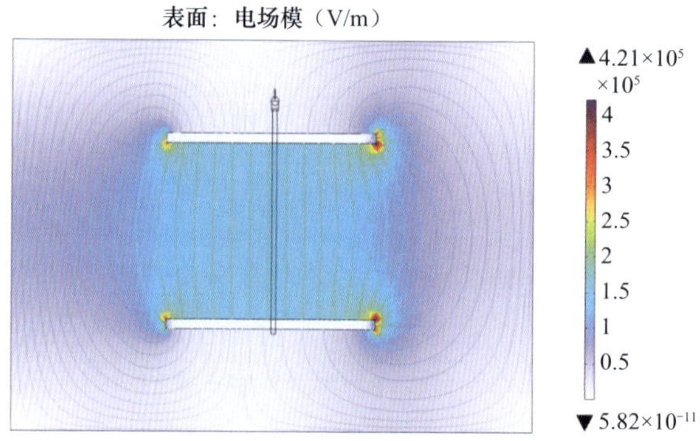

（b）35(20)kV验电器耐压试验电场分布仿真

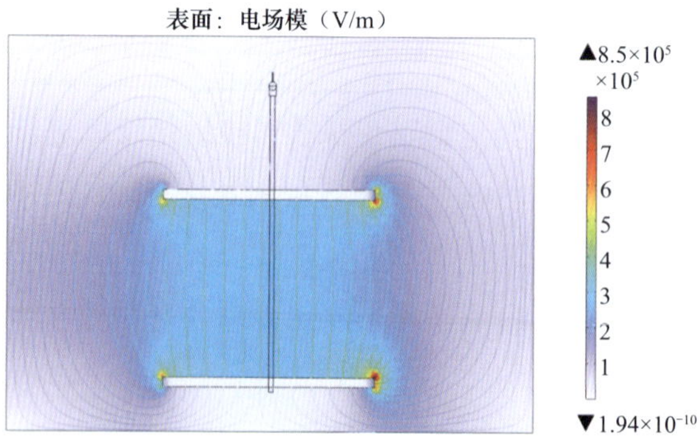

（c）66kV验电器耐压试验电场分布仿真

图 3.7　验电器耐压试验电场仿真二维切面图（一）

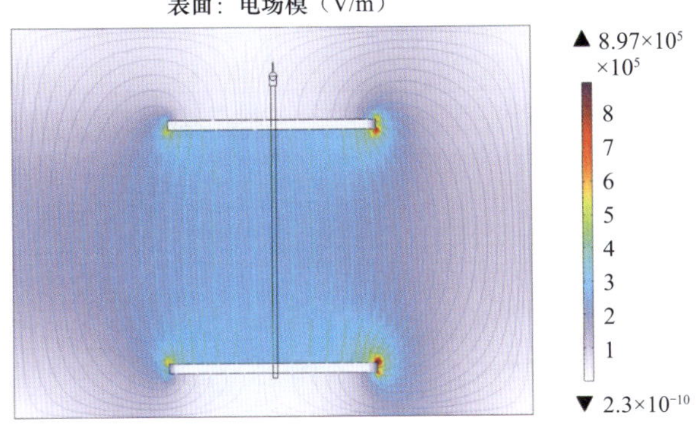

（d）110kV验电器耐压试验电场分布仿真

图 3.7　验电器耐压试验电场仿真二维切面图（二）

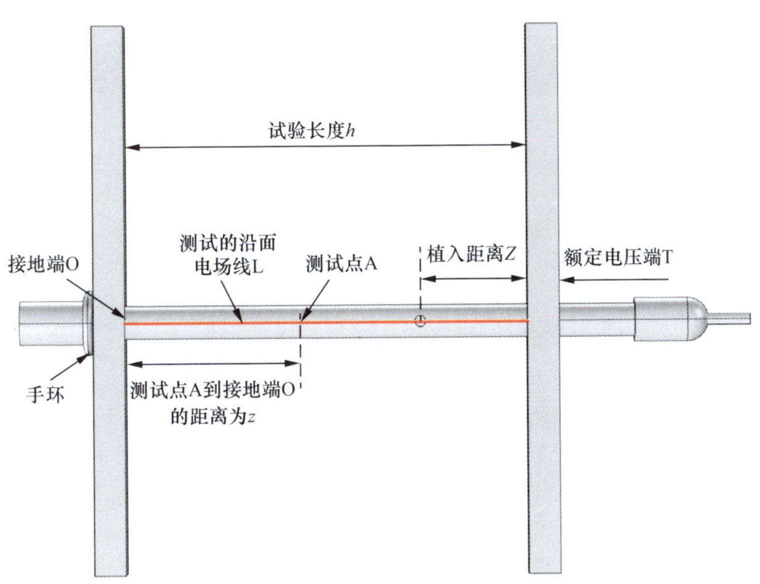

图 3.8　验电器黏贴电子标签进行耐压试验测试示意图

到接地 O 端的距离定义为 z。电子标签黏贴到不同位置时，记录验电器沿面的直线 L 的电场，以 z 为横坐标，直线 L 的电场为坐标，做出电场变化曲线图。

（1）10kV 验电器黏贴电子标签前后沿面电场仿真分析。将电子标签黏贴到离额定电压端不同距离（Z），分别测试验电器沿面 L 线上的电场，得到的结果如图 3.9（a）所示。从图中可以看出，黏贴电子标签后电场都有所增大，其中黏贴位置为试验长度（h=0.7m）的一半时（Z=0.35m），引起的电场变化最小。

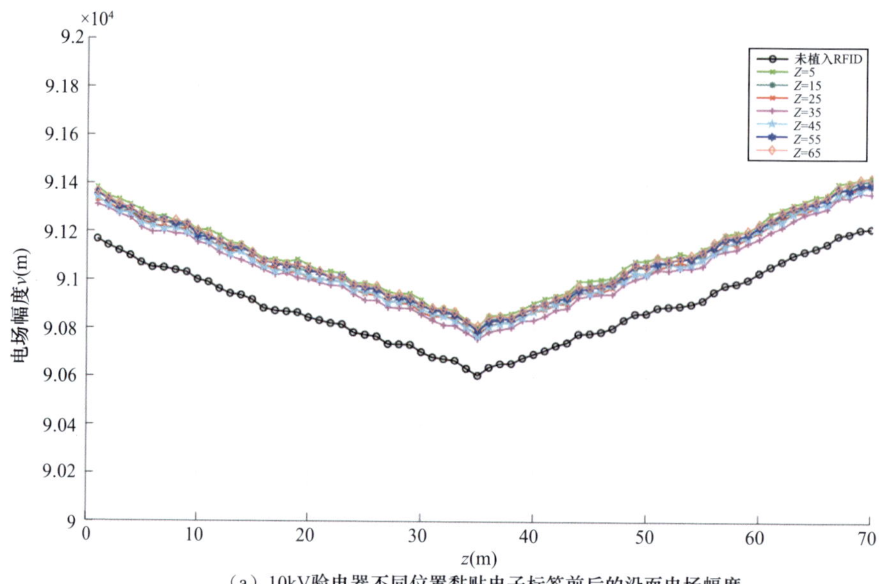

（a）10kV验电器不同位置黏贴电子标签前后的沿面电场幅度

（b）10kV验电器不同位置黏贴电子标签前后的沿面电场幅度差值

图 3.9　10kV 验电器不同位置黏贴电子标签前后的沿面电场幅度与差值

图 3.9（b）给出了电子标签黏贴到不同位置时，沿面 L 线上的电场变化值（黏贴后的电场减去黏贴前的电场），从图中可以看出，黏贴到试验长度（h=0.7m）的一半时（Z=0.35m），引起电场的变化最小（其与原电场的差值最

小），离额定电压端 T 的距离与离接地端 O 距离相等的两点电场大小相近，与原电场的幅度变化差值也较相近。

（2）35（20）kV 验电器耐压下沿面电场仿真分析。

图 3.10 给出了 35（20）kV 验电器耐压下，黏贴电子标签前后沿面电场线 L 的电场幅度与电场幅度变化。从图中可以得出前面相似的结论，黏贴电子标签后电场都有所增大，其中黏贴位置为试验长度（h=0.9m）的一半时（Z=0.45m），引起的电场变化最小。从黏贴电子标签前后电场的差值也可以看出，黏贴到试验长度（h=0.9m）的一半时（Z=0.45m），与原电场的差值最小，离额定电压端的距离与离接地距离相等的两点电场差值幅度较相近。

（3）66kV 验电器耐压下沿面电场仿真分析。

图 3.11 给出了 66kV 验电器耐压试验下，黏贴电子标签前后沿面电场线 L 的电场幅度与电场幅度变化。同理，可以看出，黏贴电子标签后电场都有所增大，其中黏贴位置为试验长度（h=1m）的一半时（Z=0.5m），引起的电场变化最小。

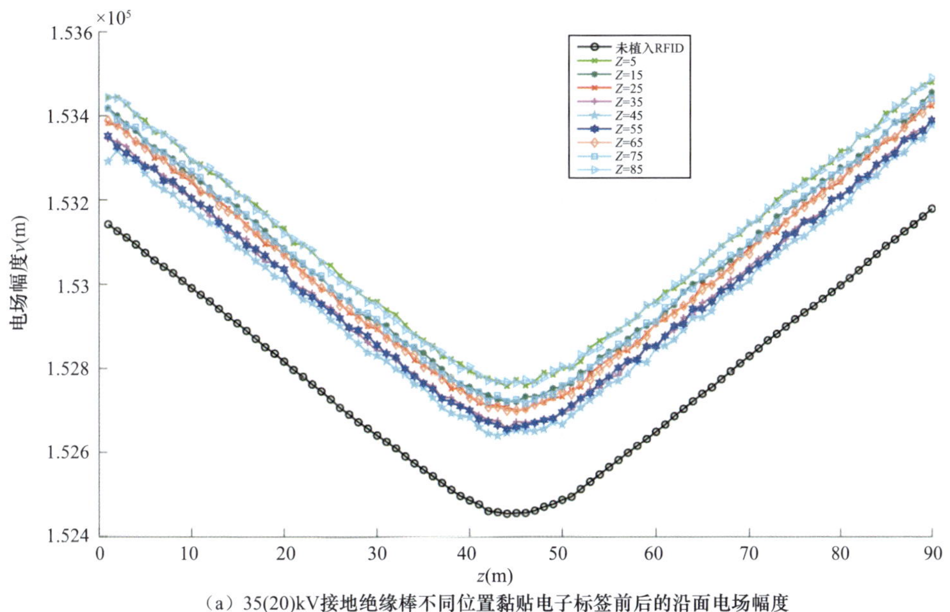

（a）35(20)kV接地绝缘棒不同位置黏贴电子标签前后的沿面电场幅度

图 3.10　35（20）kV 验电器不同位置黏贴电子标签前后的沿面电场幅度与差值（一）

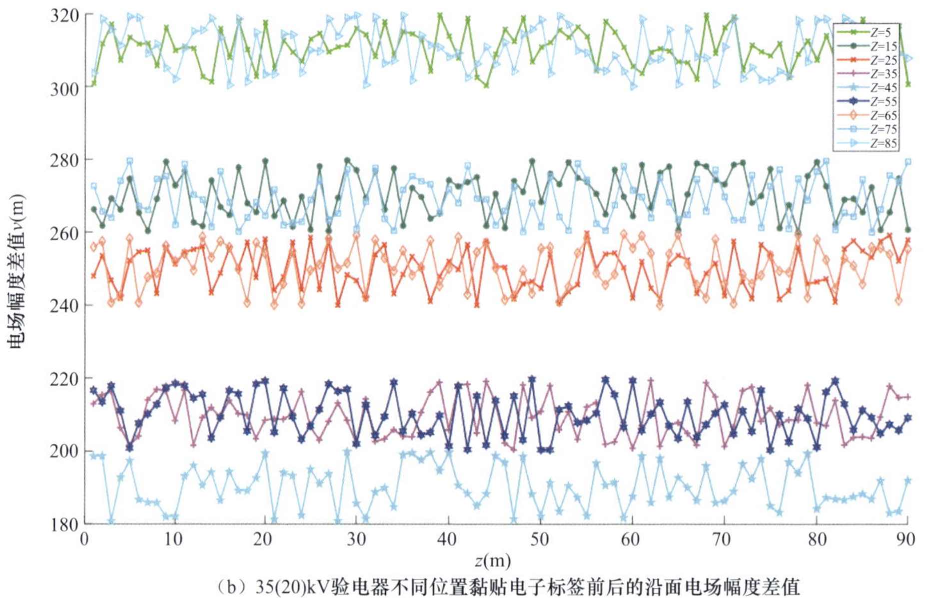

（b）35(20)kV验电器不同位置黏贴电子标签前后的沿面电场幅度差值

图 3.10 35（20）kV 验电器不同位置黏贴电子标签前后的沿面电场幅度与差值（二）

从黏贴电子标签前后电场的差值可以看出，黏贴到试验长度（h=1m）的一半时，与原电场的差值最小，离额定电压端的距离与离接地距离相等的两点电场差值幅度较相近。

（4）110kV 验电器耐压下沿面电场仿真分析。

图 3.12 给出了 110kV 验电器耐压试验下，黏贴电子标签前后沿面电场线 L 的电场幅度与电场幅度变化。同理可得，黏贴电子标签后电场都有所增大，其中黏贴位置为试验长度（h=1.2m）的一半时（Z=0.6m），引起的电场变化最小。

从黏贴电子标签前后电场的差值可以看出，黏贴到试验长度（h=1.3m）的一半时，与原电场的差值最小，离额定电压端的距离与离接地距离相等的两点电场差值幅度较相近。

在确定不同额定电压验电器、绝缘杆、接地绝缘棒黏贴电子标签最优黏贴位置的情况下，这里对最优植入电子标签之后的电场进行进一步数值分析，计算黏贴电子标签前后的电场变换平均值 ΔE 与电场变化率 η，如表 3.2 所示。从表中可见，黏贴电子标签后电场有所增大，但增大的幅度较小，电场变化（增加）率不超过 0.16%。

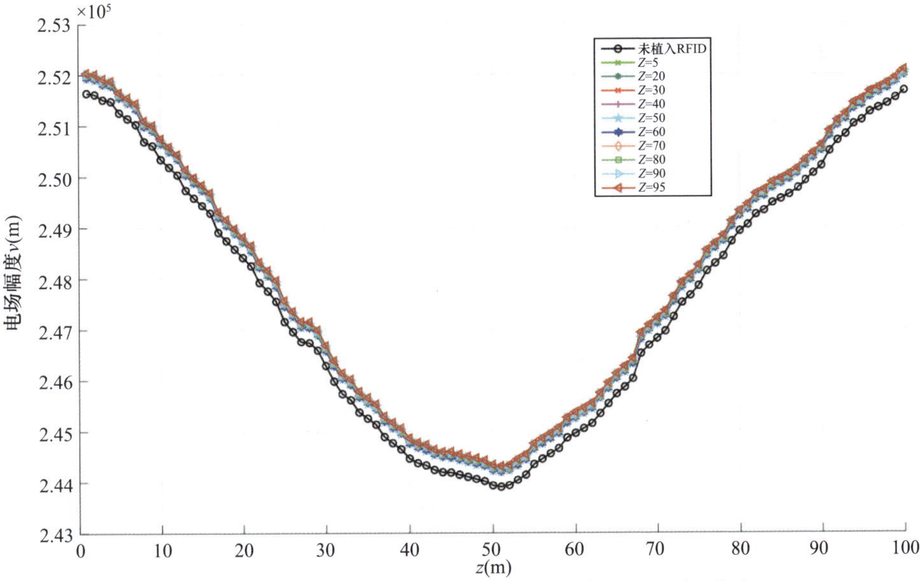

（a）66kV接地绝缘棒不同位置黏贴电子标签前后的沿面电场幅度

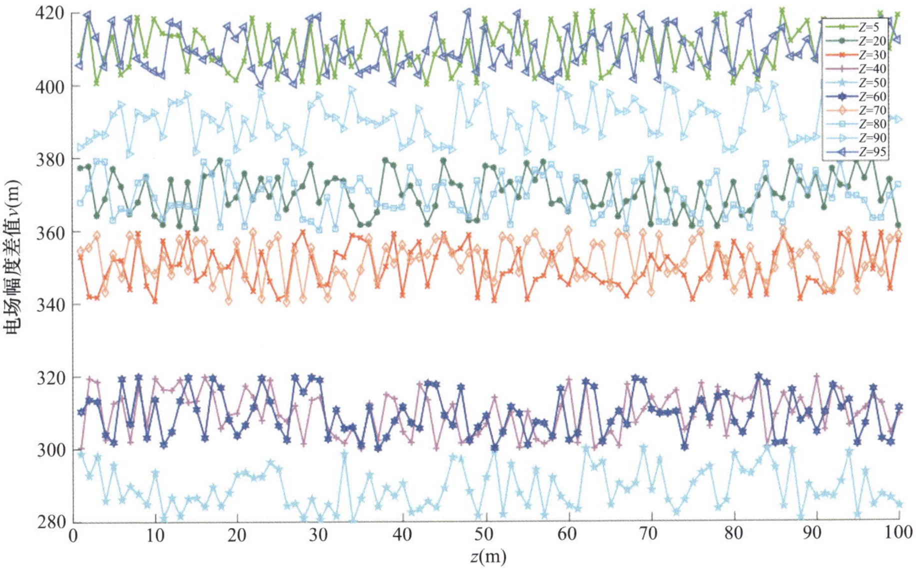

（b）66kV接地绝缘棒不同位置黏贴电子标签前后的沿面电场幅度差值

图 3.11　66kV 验电器不同位置黏贴电子标签前后的沿面电场幅度与差值

5. 耐压试验下验电器、绝缘杆、接地绝缘棒的最优黏贴点分析

耐压试验下验电器、绝缘杆、接地绝缘棒的试验区域电场近似平行场，由

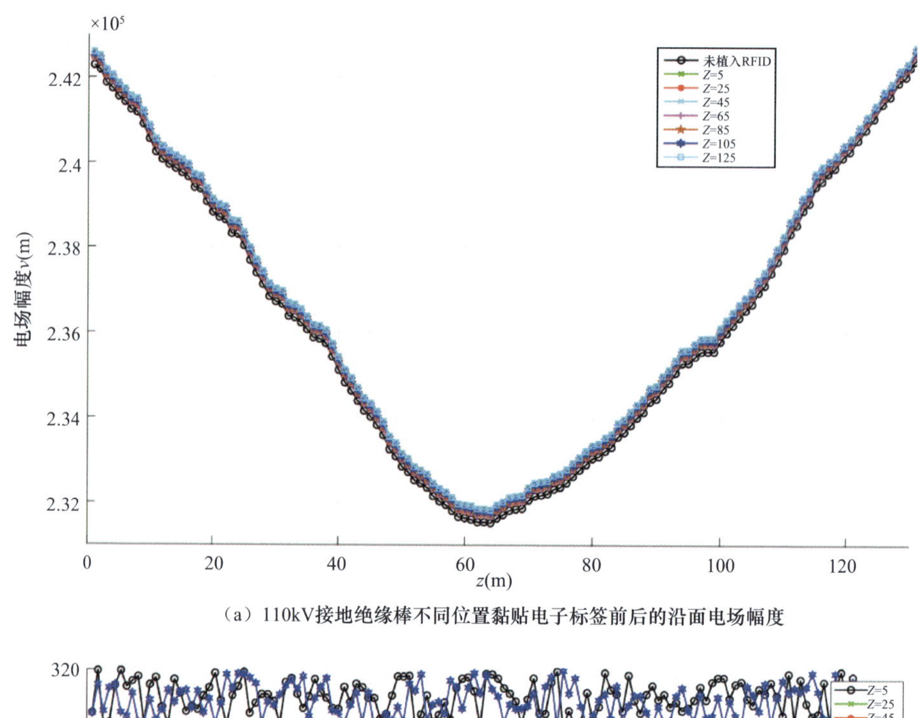

（a）110kV接地绝缘棒不同位置黏贴电子标签前后的沿面电场幅度

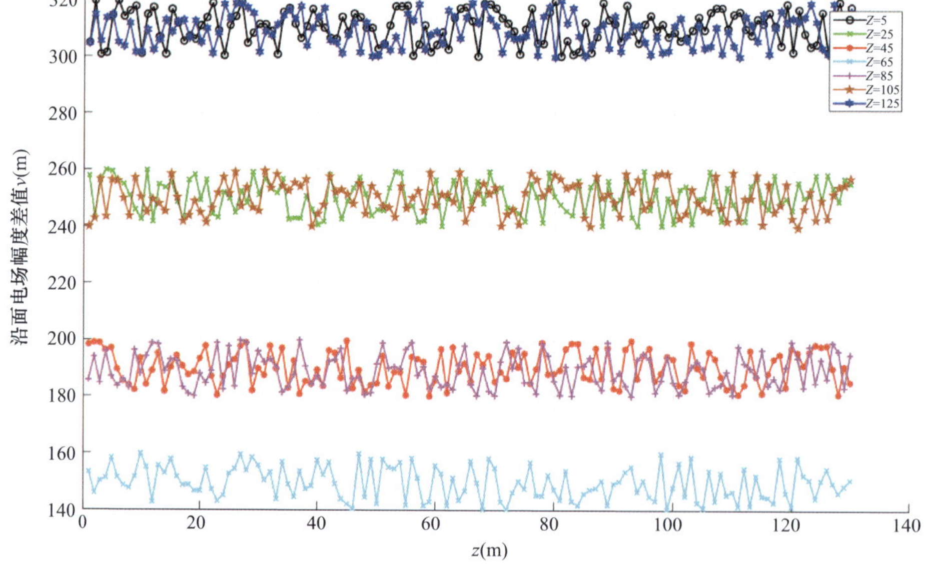

（b）110kV接地绝缘棒不同位置黏贴电子标签前后的沿面电场幅度差值

图 3.12　110kV 验电器不同位置黏贴电子标签前后的沿面电场幅度与差值

于加压平行板的长度有限，两平行板之间中间区域的电场最小。根据上文分析，电子标签黏贴位置为试验长度的一半距离时$\left(\frac{1}{2}h\right)$，耐压试验沿面电场

表 3.2　耐压试验下不同额定电压验电器、绝缘杆、接地绝缘棒最佳黏贴前后电场变化分析

额定电压（kV）	耐压试验下未植入电场均值 E_0（kV/m）	耐压试验下植入后电场均值 E_R（kV/m）	植入前后电场变化 ΔE（V/m）	电场变化率 $\eta=\Delta E/E_0(\%)$
10	91.08	91.23	149.84	0.16
35（20）	152.83	152.85	191.62	0.13
66	247.16	247.44	288.74	0.12
110	237.94	238.09	151.46	0.06

幅度为整个试验段最小。电子标签黏贴到验电器、绝缘杆、接地绝缘棒某一位置后，黏贴电子标签处安全工器具表面电场变化（增加）率不超过 0.16%。

由于《电力安全工器具预防性试验规程》（DL/T 1476—2023）只规定了验电器、绝缘杆、接地绝缘棒耐压试验长度，但没有规定试验段位置选择。本书建议黏贴电子标签的验电器、绝缘杆、接地绝缘棒耐压试验的接地端选择手环处。

综上可知，验电器、绝缘杆、接地绝缘棒的电子标签最佳黏贴位置为距手环$\left(\frac{1}{2}h\right)$处的绝缘本体处，即额定电压分别为 10、35（20）、66、110kV 的验电器、绝缘杆、接地绝缘棒，其电子标签最优黏贴位置分别距离为绝缘手环 0.35、0.45、0.5、0.65m 处，如图 3.13 ～图 3.15 所示。

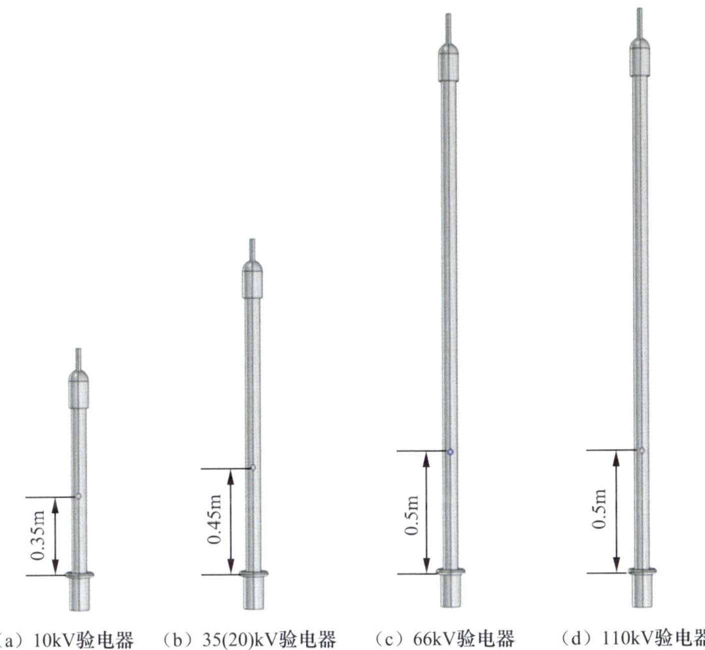

（a）10kV验电器　（b）35(20)kV验电器　（c）66kV验电器　（d）110kV验电器

图 3.13　电子标签黏贴到验电器最优位置示意图

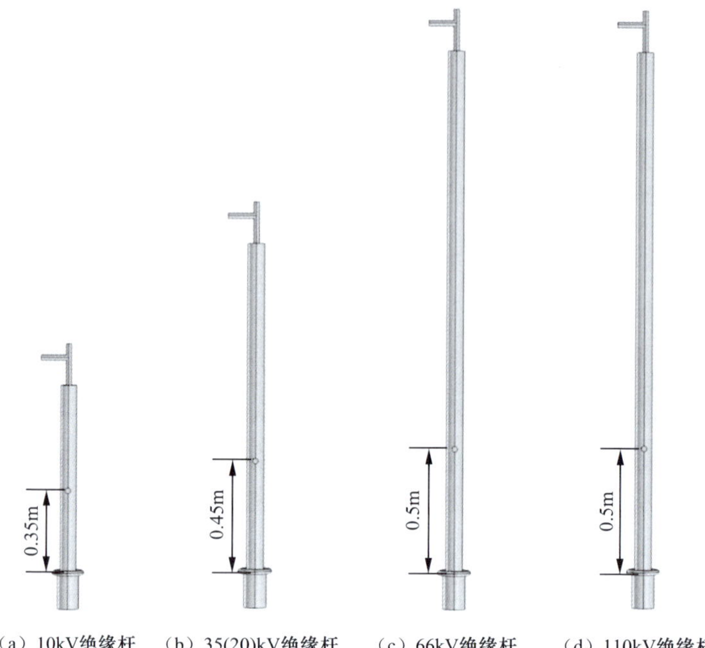

（a）10kV绝缘杆 （b）35(20)kV绝缘杆 （c）66kV绝缘杆 （d）110kV绝缘杆

图 3.14 电子标签黏贴到绝缘杆最优位置示意图

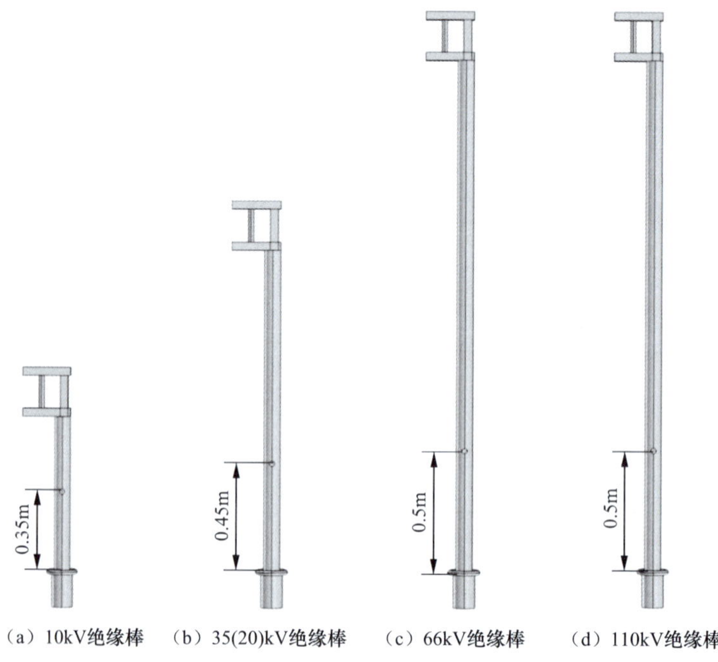

（a）10kV绝缘棒 （b）35(20)kV绝缘棒 （c）66kV绝缘棒 （d）110kV绝缘棒

图 3.15 电子标签黏贴到接地绝缘棒最优位置示意图

3.1.3 绝缘手套黏贴电子标签前后耐压试验电场仿真分析

1. 绝缘手套耐压试验要求

绝缘手套的定期检验周期一般为 6 个月，依据《电力安全工器具预防性试验规程》（DL/T 1476—2023），绝缘手套耐压试验项目、周期和要求如表 3.3 所示。

表 3.3 辅助型绝缘手套的试验项目、周期和要求

项目	周期	要求		
工频耐压试验	半年	电压等级	工频耐压（kV）	持续时间（min）
		低压	2.5	1
		高压	8	1

绝缘手套加压试验使手套承受相应的电压，将绝缘手套置入并浸在盛有相同自来水、内外水平面高度相同的金属器皿中，露出水面 9cm 并擦干，试验电路如图 3.16 所示。

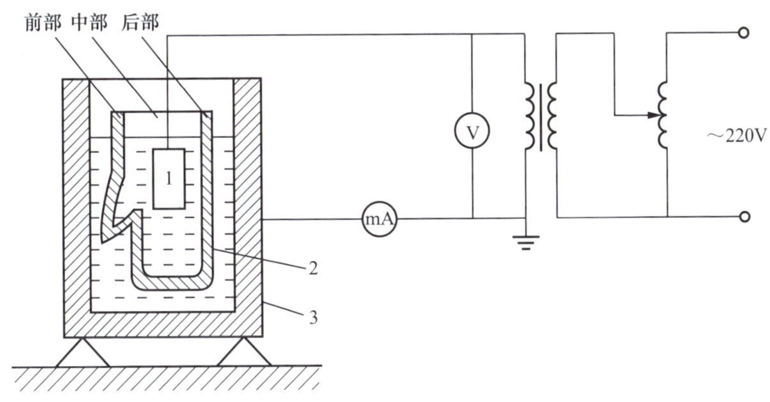

图 3.16 绝缘手套试验接线

1—电极；2—试样；3—盛水金属器皿

2. 绝缘手套三维建模与电场仿真

在 COMSOL 对绝缘手套进行三维建模进行耐压试验仿真，如图 3.17 所示。由于电子标签不能浸水，同时离水区域较远的手套上沿电场最小，根据前面的分析可知，电子标签黏贴此区域对原电场的影响较小，故将电子标签黏贴到手套上沿不同区域位置下进行沿面电场仿真分析。

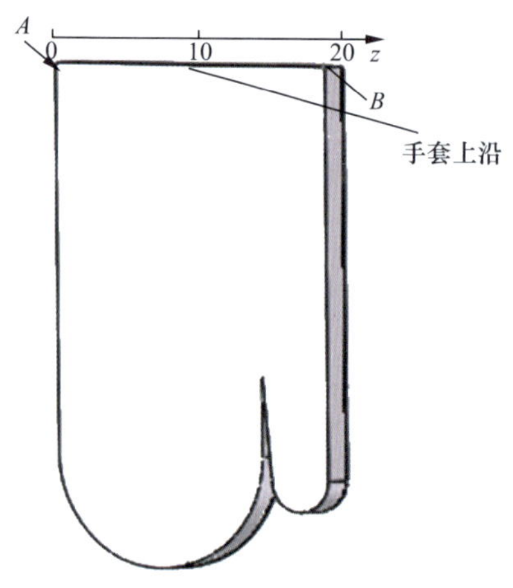

图 3.17　绝缘手套三维模型

图 3.18 分别给出绝缘手套在低压与高压两种耐压试验下，对手套上沿边界电场的仿真。从图中可以看出耐压试验下，绝缘手套上沿边界的电场中间大，两端低。由于电子标签黏贴到低电场处对原电场影响较小，为了减少黏贴电子标签对原电场的影响，电子标签最佳黏贴位置为手套上沿的左右区域，即图 3.17 中 A、B 位置。

3. 耐压试验下黏贴电子标签前后沿面电场比较

为了分析电子标签黏贴前后对绝缘手套耐压电场的影响，选取浸水区域 27cm×20cm（图中红色方形区域）的手套表面区域的电场进行分析，仿真中电子标签黏贴的位置在图中 B 点区域，如图 3.19 所示。

分别在低、高压耐压测试中，27cm×20cm 浸水区域表面黏贴电子标签前后的电场变化以及电场变化差值矩阵，如图 3.20、图 3.21 所示。从图中可以看出，在低、高压耐压测试中，黏贴电子标签后，电场都有所增加。

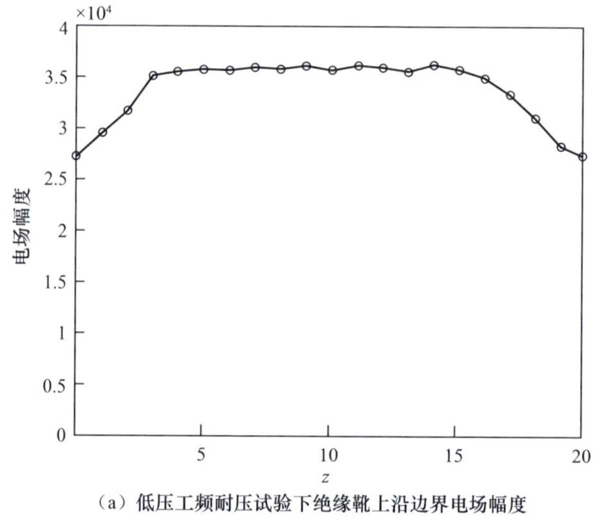

（a）低压工频耐压试验下绝缘靴上沿边界电场幅度

图 3.18　频耐压试验下绝缘靴上沿边界电场幅度（一）

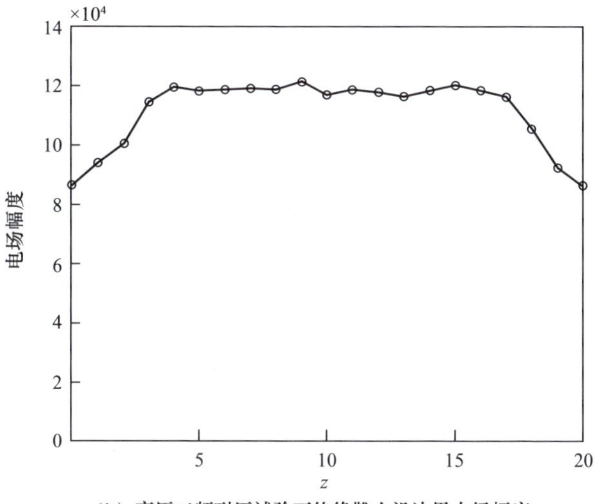

（b）高压工频耐压试验下绝缘靴上沿边界电场幅度

图 3.18 频耐压试验下绝缘靴上沿边界电场幅度（二）

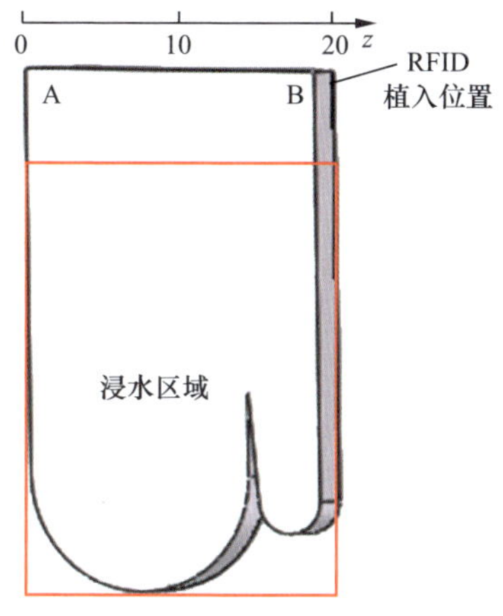

图 3.19 绝缘手套浸水区域 27cm×20cm 浸水区域

在确定绝缘手套电子标签最优黏粘位置后，对最优黏贴电子标签之后的电场进行进一步数值分析，计算出黏贴前后的电场变换平均值 ΔE 与电场变化率 η，如表 3.4 所示。从表 3.4 可见，黏贴电子标签后电场有所增大，但增大的幅度较小，电场变化（增加）率不超过 0.005%。

4. 绝缘手套电子标签最优黏贴位置

绝缘手套耐压试验的浸水区域不能作为电子标签黏贴区域。综上分析可知，绝缘手套上沿区域的左右两端电场 A、B 位置处最小，是电子标签黏贴的最佳区域，如图 3.22 所示。

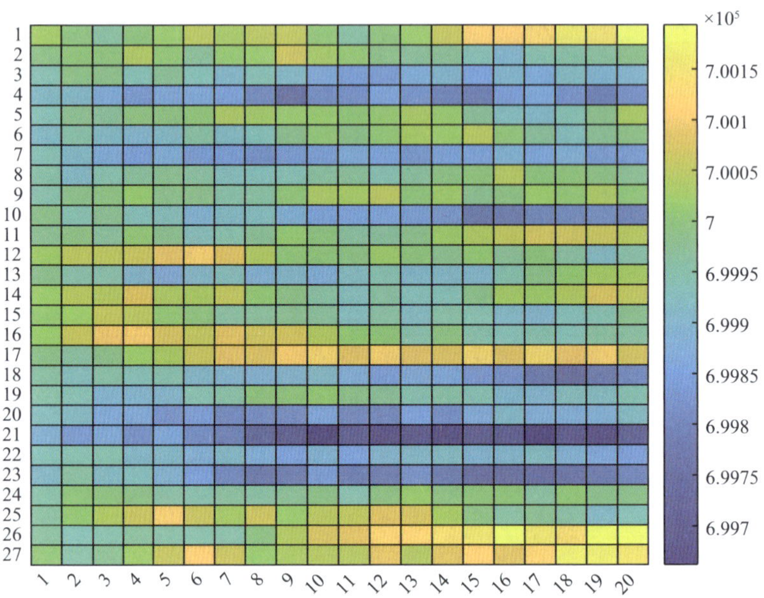

（a）未黏贴电子标签绝缘手套浸水区域沿面电场

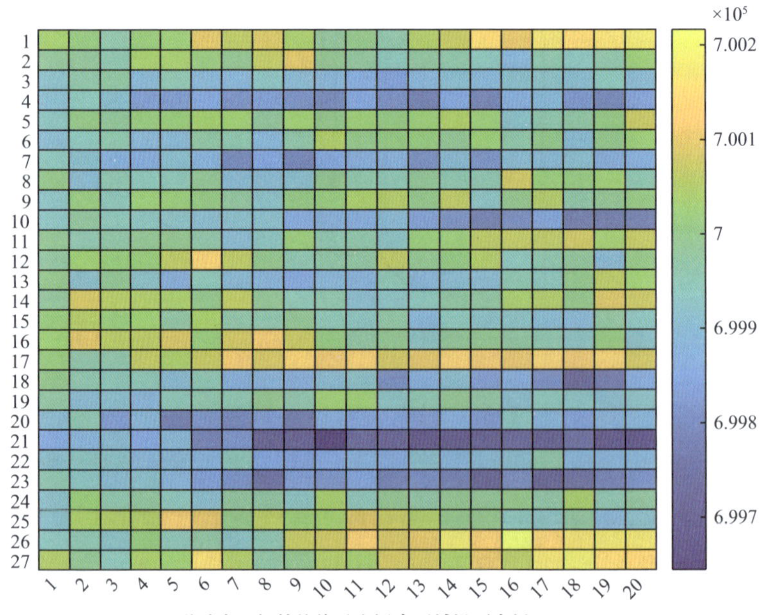

（b）黏贴电子标签绝缘手套浸水区域沿面电场

图 3.20　低压耐压试验下黏贴电子标签前后绝缘手套浸水区域沿面电场变化（一）

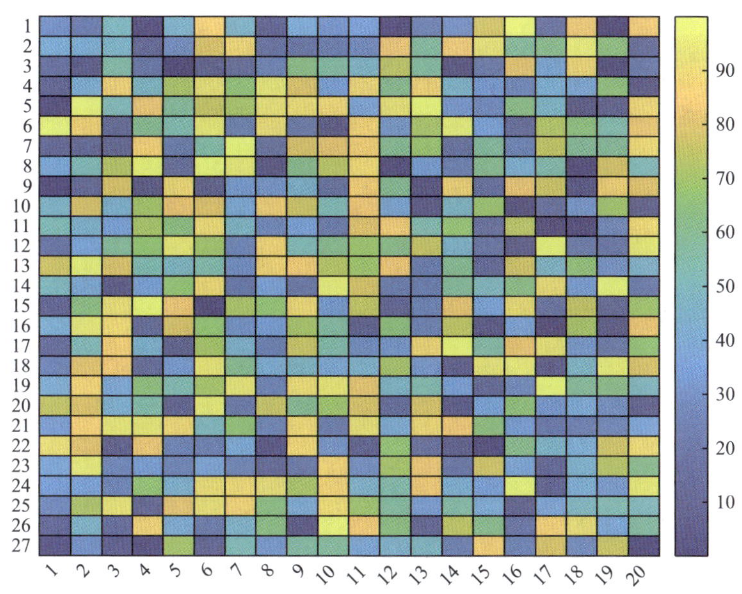

（c）黏贴电子标签前后绝缘手套浸水区域沿面电场差值

图 3.20 低压耐压试验下黏贴电子标签前后绝缘手套浸水区域沿面电场变化（二）

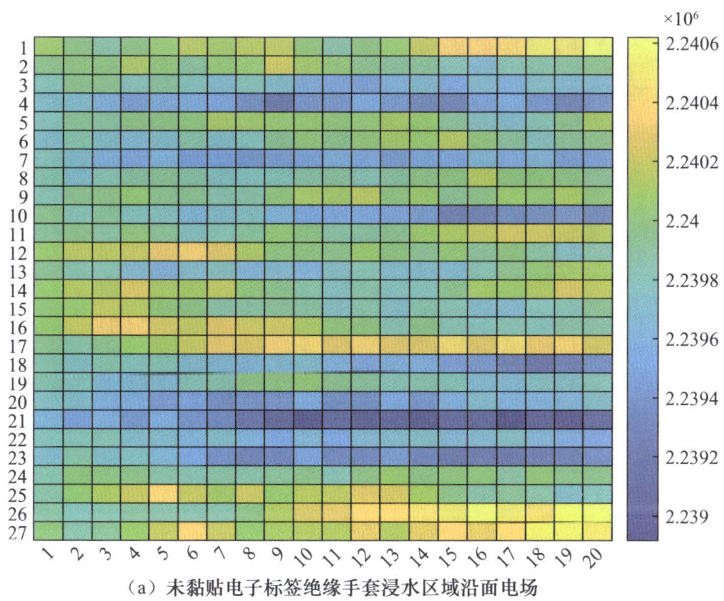

（a）未黏贴电子标签绝缘手套浸水区域沿面电场

图 3.21 高压耐压试验下黏贴电子标签前后绝缘手套浸水区域沿面电场变化（一）

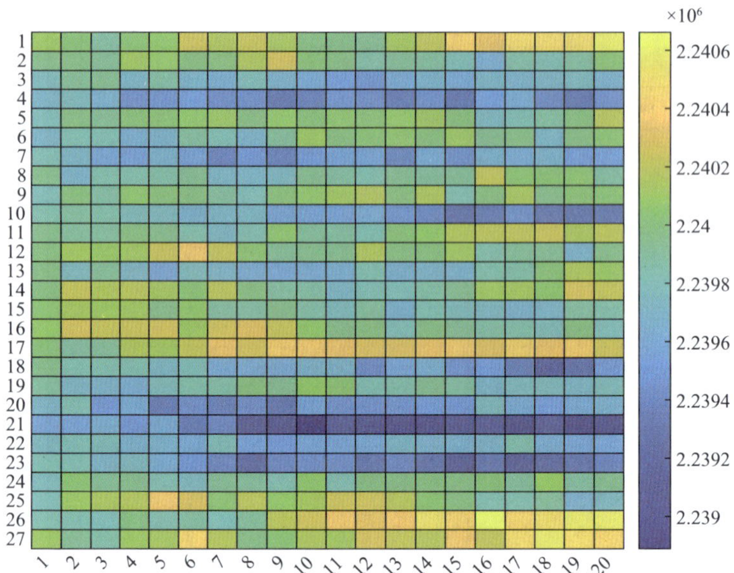

（b）黏贴电子标签绝缘手套浸水区域沿面电场

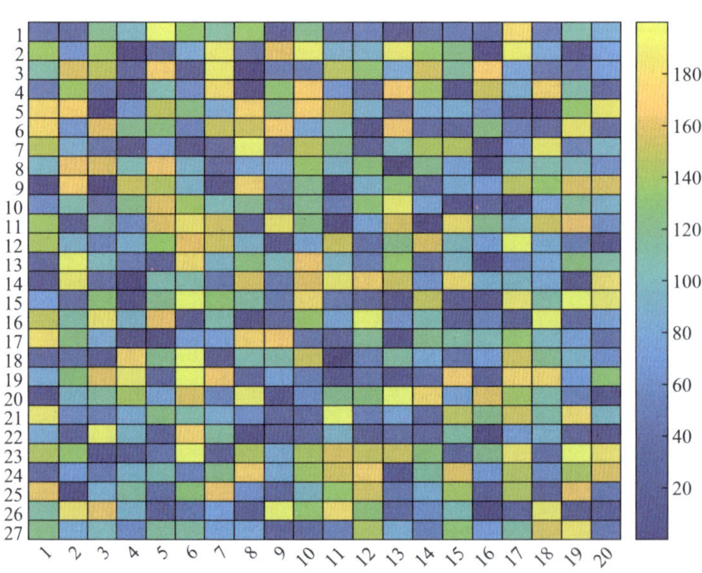

（c）黏贴电子标签前后绝缘手套浸水区域沿面电场差值

图 3.21 高压耐压试验下黏贴电子标签前后绝缘手套浸水区域沿面电场变化（二）

黏贴电子标签黏贴到绝缘手最佳区域时，使耐压试验的电场有所增大，但电场增加率不超过 0.005%。

表 3.4　　绝缘手套最佳黏贴前后电场变化分析

电压等级	耐压试验下未黏贴电场均值 E_0（kV）	耐压试验下黏贴后电场均值 E_R（kV）	黏贴前后电场变化 ΔE（V）	电场变化率 $\eta=\Delta E/E_0$(%)
低压	699.93	699.95	28.53	0.004
高压	2239.85	2239.94	93.83	0.005

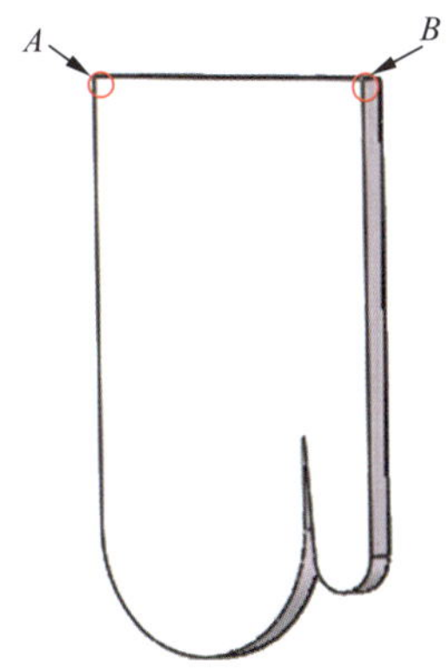

图 3.22　电子标签黏贴手套最优位置示意图

3.1.4　绝缘靴黏贴电子标签前后耐压试验电场仿真分析

1. 绝缘靴耐压试验要求

绝缘靴的定期检验周期一般为半年，依据《电力安全工器具预防性试验规程》（DL/T 1476—2023），绝缘靴耐压试验项目、周期和要求见表 3.5。

表 3.5　　辅助型绝缘靴（鞋）的试验项目、周期和要求项目

项目	周期	要　求	
工频耐压试验	半年	工频耐压（kV）	持续时间（min）
		15	1

绝缘靴加压试验使绝缘靴底部承受相应的电压，将绝缘靴放在金属板上，置入将一个与试样鞋号一致的金属片为内电极放入鞋内，金属片上铺满直径不大于 4mm 的金属球，其高度不小于 15mm，外接导线焊一片直径大于 4mm 的铜片，并埋入金属球内。外电极为置于金属器内的浸水海绵，试验电路如图 3.23 所示。

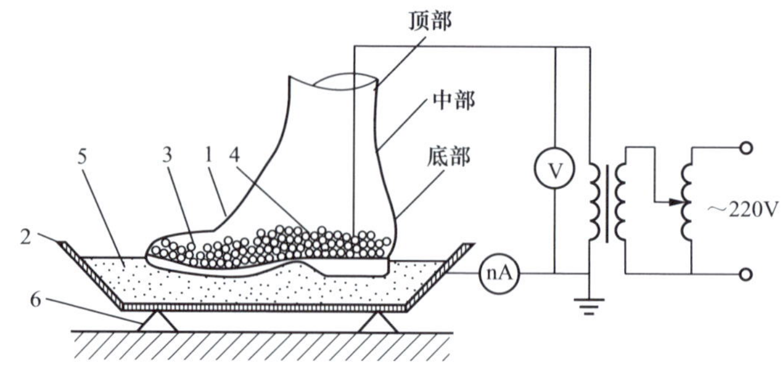

图 3.23 辅助型绝缘靴试验接线图

1—被试靴；2—金属盘；3—金属球；4—金属片；5—海绵和水；6—绝缘支架

2. 绝缘靴三维建模与电场仿真

利用 COMSOL 仿真软件对绝缘靴进行三维建模，如图 3.24 所示。远离金属球高压电极的电场较弱，电子标签黏贴此区域对原电场的影响较小，故应将电子标签黏贴到绝缘靴上沿不同区域。以绝缘靴顶部前端处为坐标原点，电子标签从原点起至绝缘靴顶部后端（z 取值 0 ~ 18cm）进行鞋口处沿面电场仿真分析，以进一步确定电子标签具体黏贴位置。

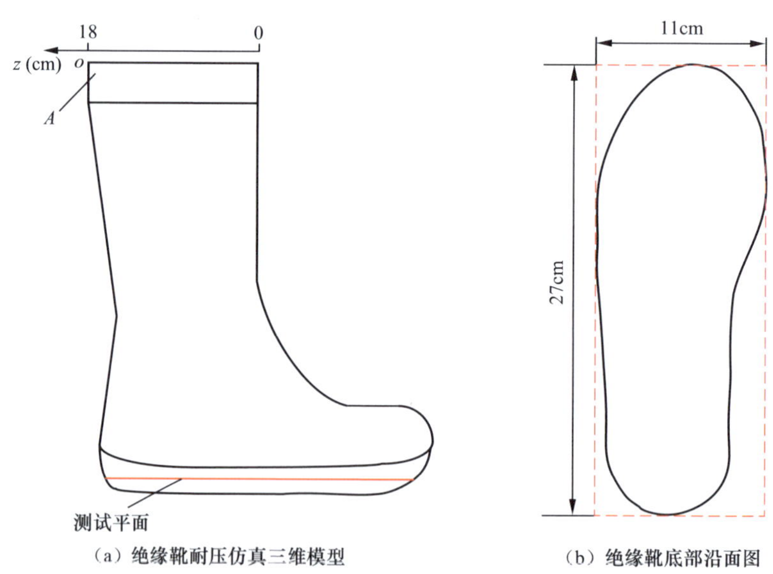

（a）绝缘靴耐压仿真三维模型　　（b）绝缘靴底部沿面图

图 3.24 绝缘靴三维模型与二维切面图

图 3.25 分别给出绝缘靴耐压试验下上沿边界电场的仿真大小。从图中可以看出耐压试验下，绝缘靴上沿边界的电场前端大，后端低。因此，电子标签

最佳黏贴位置为绝缘靴上沿的后端区域，即图 3.24 中 A 点位置。

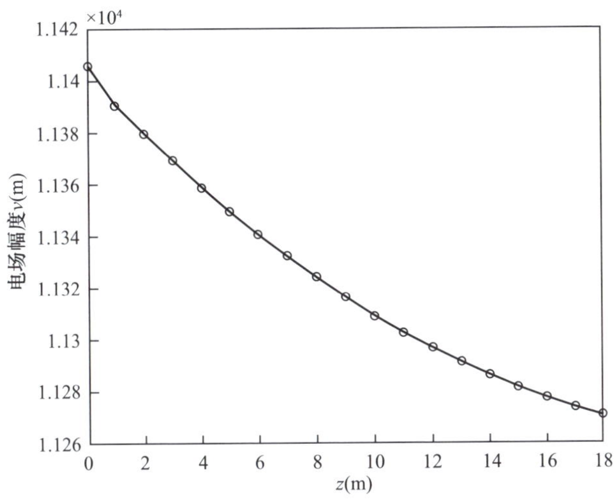

图 3.25　耐压试验绝缘靴上沿边界电场的仿真

3. 耐压试验下黏贴电子标签前后沿面电场仿真分析

为了分析电子标签黏贴前后对绝缘靴沿面电场的影响，选取浸水区域 27×11cm 的鞋底表面区域［图 3.26（b）中红色虚线区域部分］的电场进行分析。

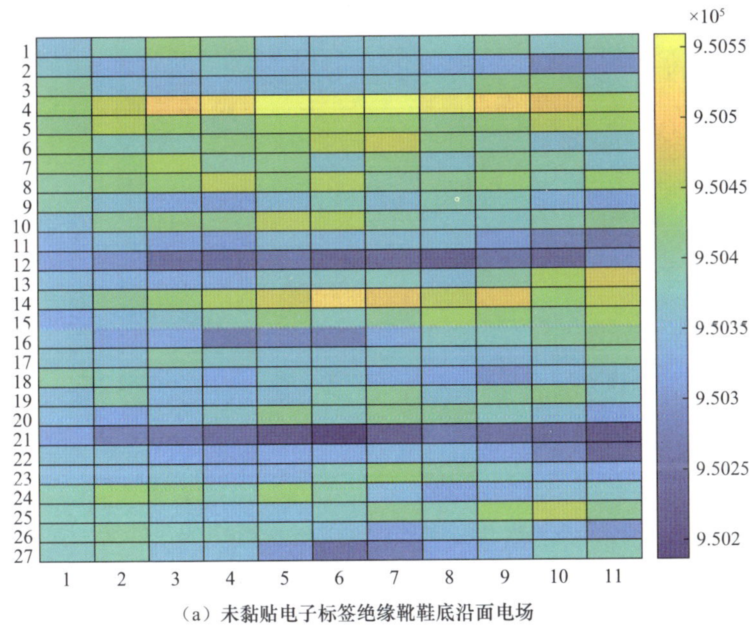

（a）未黏贴电子标签绝缘靴鞋底沿面电场

图 3.26　耐压试验下绝缘靴鞋底区域沿面电场仿真分析（一）

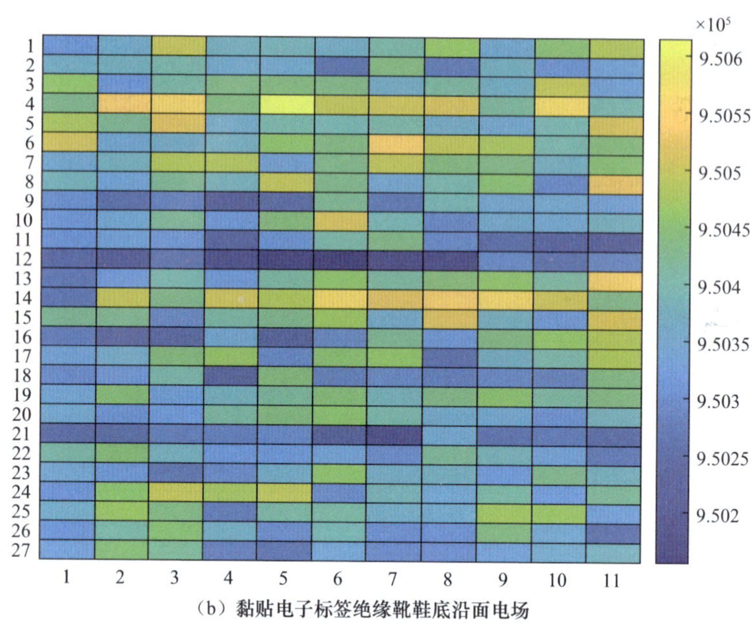

（b）黏贴电子标签绝缘靴鞋底沿面电场

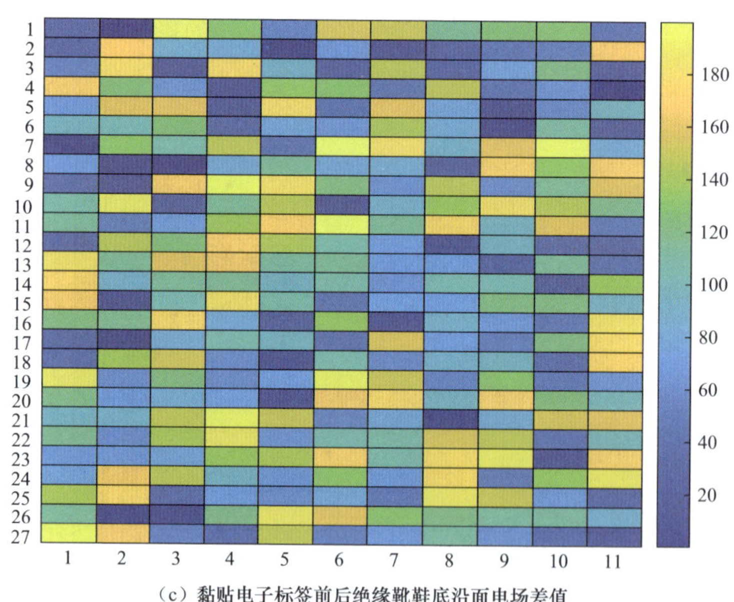

（c）黏贴电子标签前后绝缘靴鞋底沿面电场差值

图 3.26 耐压试验下绝缘靴鞋底区域沿面电场仿真分析（二）

分别给出 27cm×11cm 浸水区域表面黏贴电子标签前后的电场变化以及电场变化差值矩阵，如图 3.26 所示。从图中可以看出，在耐压测试中，黏贴电子标签后，电场都增加。

在确定绝缘靴电子标签最优黏贴位置的情况下，计算绝缘靴鞋底区域黏贴前后的电场变换平均值与电场变化率，如表 3.6 所示。从表可知，黏贴电子标签后电场有所增大，但电场变化（增加）率未超过 0.01%。

表 3.6　耐压试验下绝缘靴鞋底区域沿面电场变化分析

额定电压（kV）	耐压试验下未植入电场均值 E_0（kV/m）	耐压试验下植入后电场均值 E_R（kV/m）	植入前后电场变化 ΔE（V/m）	电场变化率 $\eta=\Delta E/E_0$(%)
15	950.38	950.47	96.83	0.01

4. 绝缘靴电子标签最优黏贴分析

综上分析可知，耐压试验下绝缘靴的顶部区域沿面电场较小，其中顶部区域的后端沿面电场最小，该区域是电子标签黏贴的最佳区域，如图 3.27 所示。

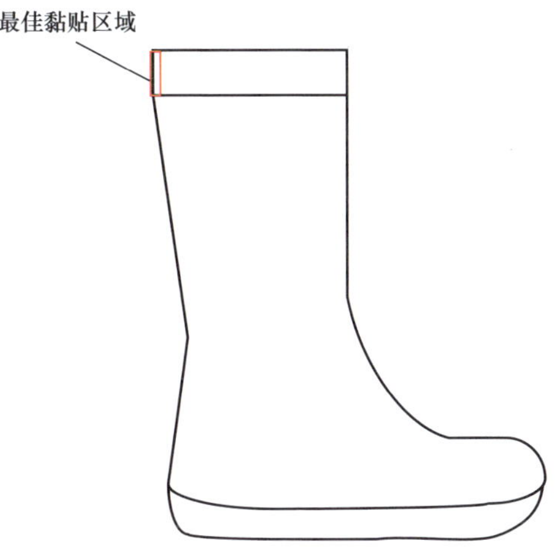

图 3.27　电子标签黏贴手套最优位置示意图

黏贴电子标签黏贴到绝缘靴最佳区域时，使耐压试验的电场有所增大，但电场增加率不超过 0.01%。

3.1.5　绝缘胶垫黏贴电子标签前后耐压试验电场仿真分析

1. 绝缘胶垫耐压试验要求

按照《电力安全工器具预防性试验规程》（DL/T 1476—2023），绝缘胶垫需按年度开展工频耐压试验，周期和要求如表 3.7 所示。

表 3.7　辅助型绝缘胶垫的试验项目、周期和要求

项目	周期	要求		
工频耐压试验	1 年	电压等级	工频耐压（kV）	持续时间（min）
		低压	3.5	1
		高压	15	1

绝缘胶垫加压试验使手套承受相应的电压，将绝缘胶垫放在两块 40cm×40cm 的两块金属板上，两金属板分别接高压电极与接地，试验电路如图 3.28 所示。

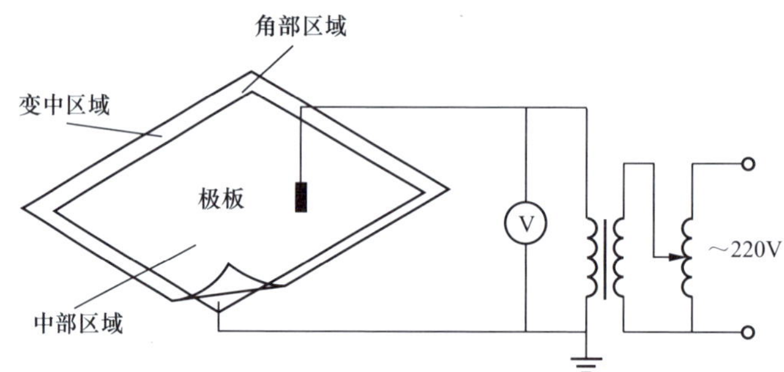

图 3.28　辅助型绝缘胶垫试验接线图

2. 绝缘胶垫三维建模与电场仿真

利用 COMSOL 仿真软件对 80cm×80cm 的绝缘胶垫三维建模，采用两块 40cm×40cm 金属板板进行耐压试验仿真，如图 3.29 所示。

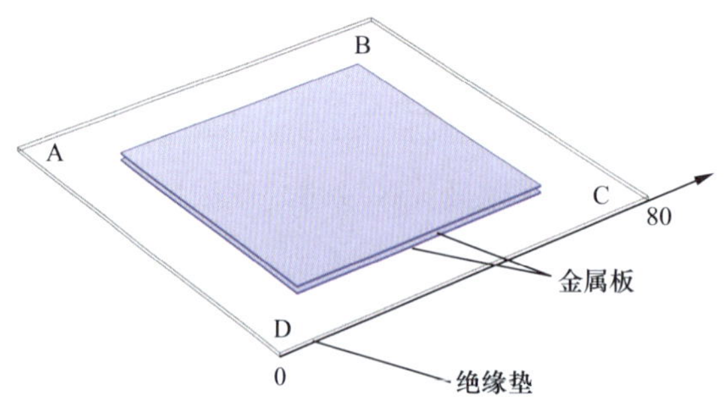

图 3.29　80cm×80cm 的绝缘胶垫三维仿真模型

施加 3.5、15kV 进行耐压试验，仿真得到绝缘胶垫沿面电场分布情况如图 3.30、图 3.31 所示。

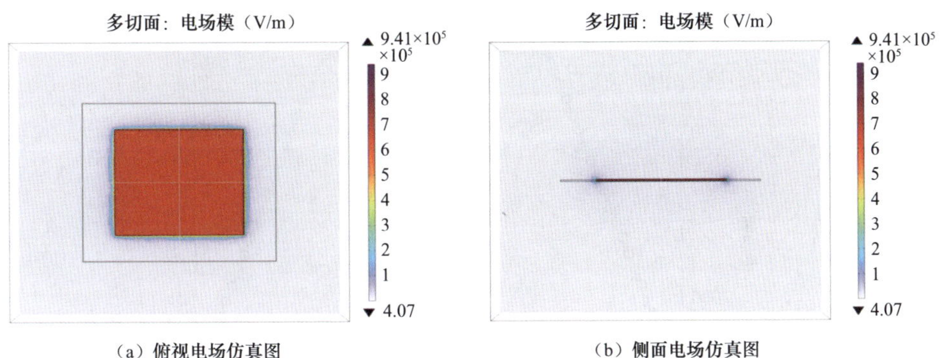

（a）俯视电场仿真图　　（b）侧面电场仿真图

图 3.30　低压绝缘胶垫耐压试验电场仿真分析

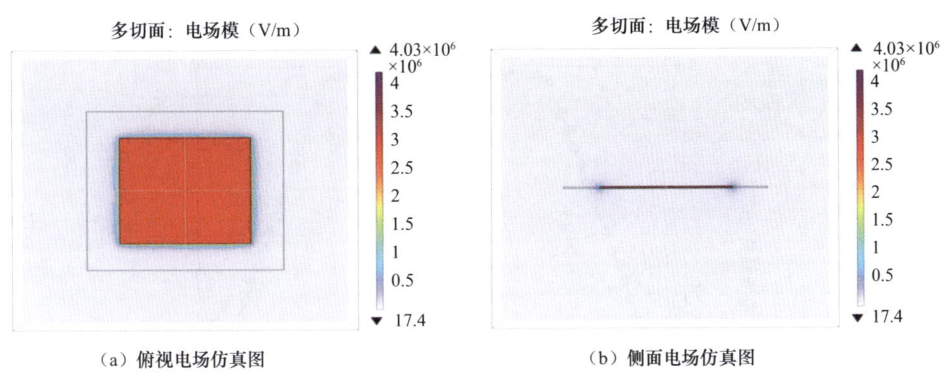

（a）俯视电场仿真图　　（b）侧面电场仿真图

图 3.31　高压绝缘胶垫耐压试验电场仿真分析

从图 3.31 可知，两金属板之间电场最强，在绝缘胶垫四周边界处电场最弱，初步认定电子标签最优黏贴的区域为绝缘胶垫的边界。

为进一步确定电子标签的最佳黏贴点，对耐压试验的绝缘胶垫边界电场分布进行详细分析，分别得到低压、高压耐压试验下绝缘胶垫的边界电场大小，如图 3.32 所示。从边界电场的变化可知，绝缘胶垫边界顶角区域的电场最小，绝缘胶垫顶角区域（即图 3.29 中的 A、B、C、D 四个区域）是电子标签最佳黏贴区域。

3. 耐压试验下黏贴电子标签前后绝缘胶垫沿面电场仿真分析

为了分析电子标签黏贴前后对绝缘胶垫耐压电场的影响，对两金属板之间的绝缘胶垫沿面电场进行分析。

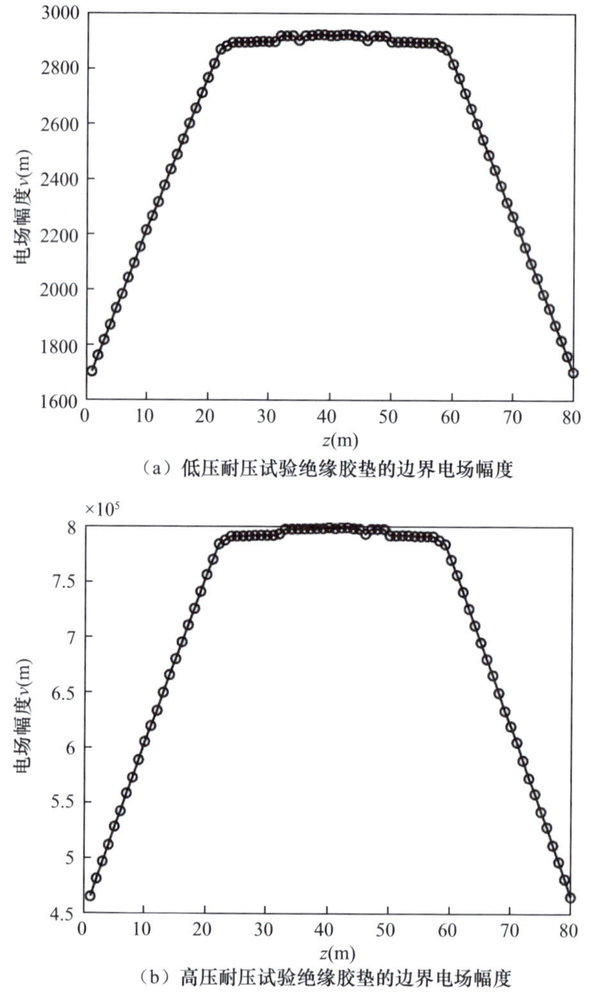

（a）低压耐压试验绝缘胶垫的边界电场幅度

（b）高压耐压试验绝缘胶垫的边界电场幅度

图 3.32　耐压试验绝缘胶垫的边界电场幅度

将电子标签黏贴到绝缘胶垫顶角区域，对 40cm×40cm 两金属板之间的电场进行分析。图 3.33、图 3.34，分别给出 40cm×40cm 两金属板之间，黏贴电子标签前后的电场以及电场变化差值矩阵。从图中可以看出，在耐压测试中，黏贴电子标签后，电场都有增加。

在绝缘胶垫边界角落黏贴电子标签后，计算出黏贴前后的电场变换平均值与电场变化率，如表 3.8 所示。从表可见，黏贴电子标签后电场有所增大，但增大的幅度较小，电场变化（增加）率不超过 0.01%。

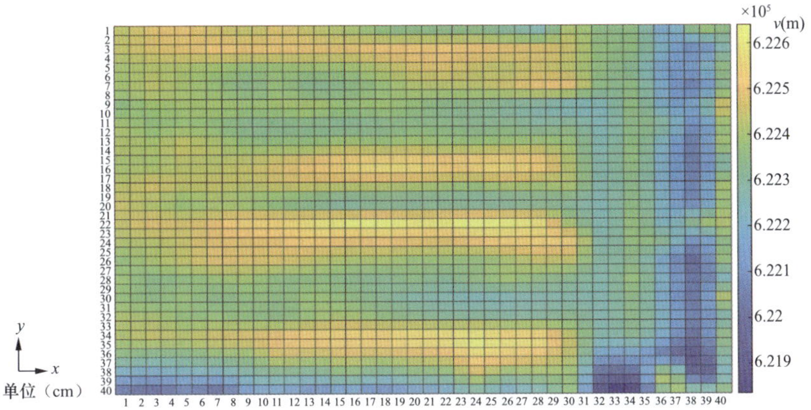

（a）未黏贴电子标签绝缘胶垫沿面电场

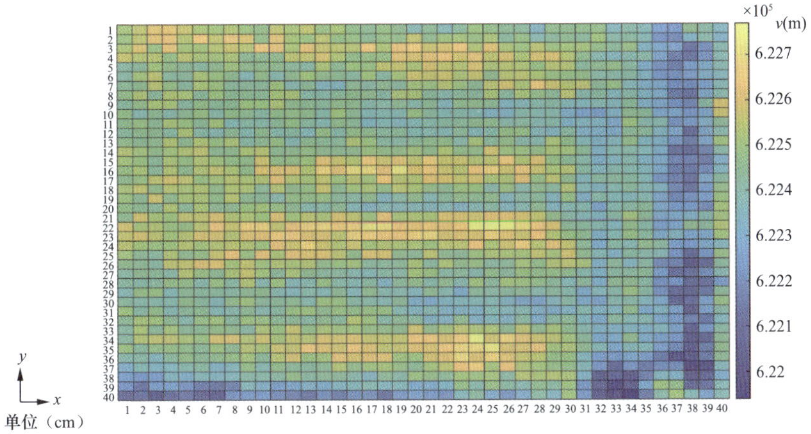

（b）黏贴电子标签绝缘胶垫沿面电场

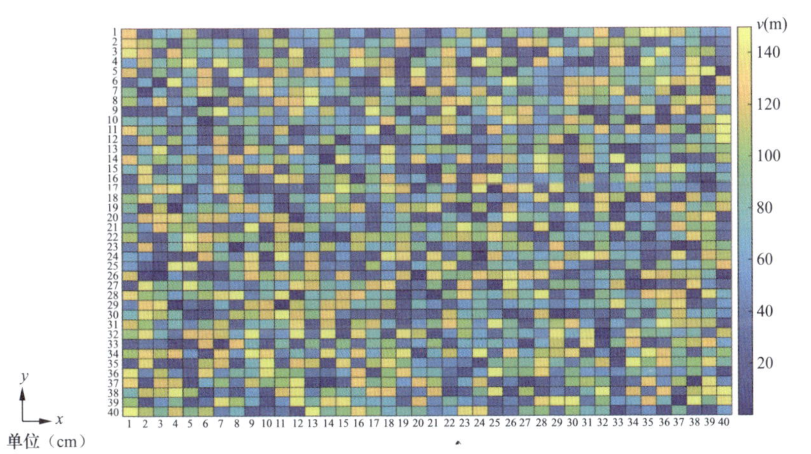

（c）黏贴电子标签前后绝缘胶垫沿面电场差值

图 3.33　低压耐压试验下绝缘脚垫沿面电场变化分析

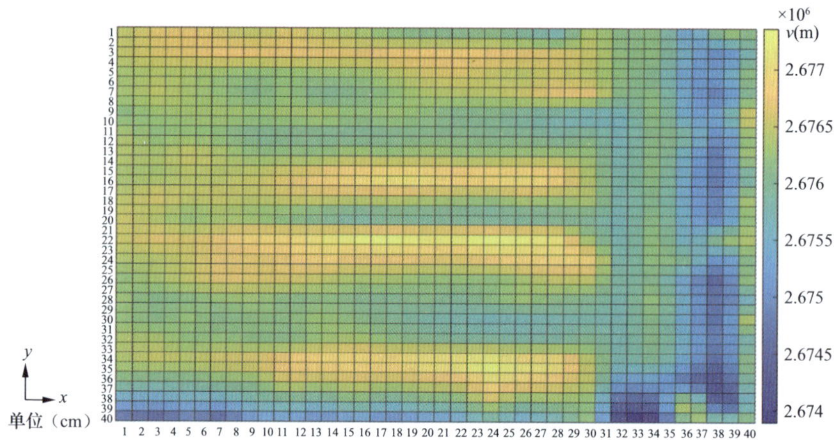

（a）未黏贴电子标签绝缘胶垫沿面电场

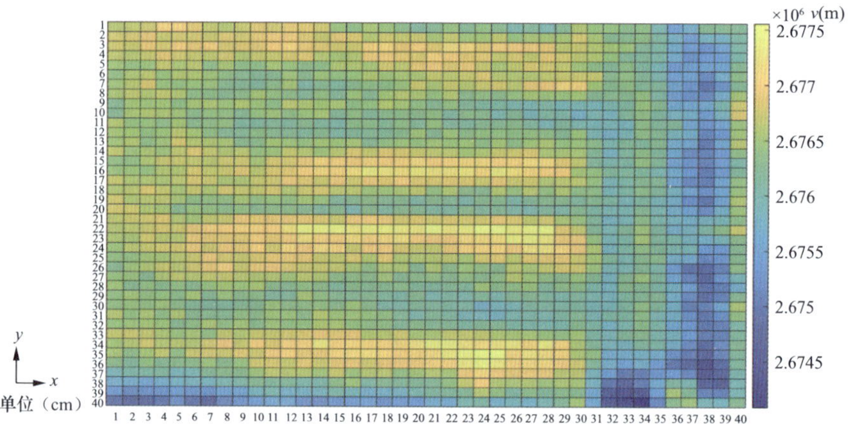

（b）黏贴电子标签绝缘胶垫沿面电场

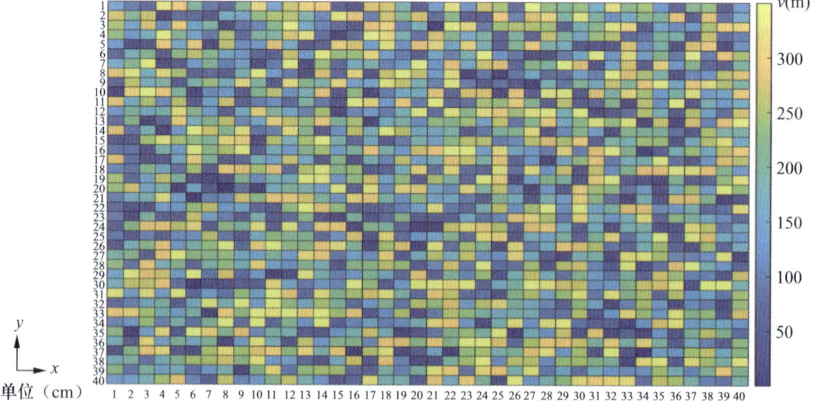

（c）黏贴电子标签前后绝缘胶垫沿面电场差值

图 3.34　高压耐压试验下绝缘胶垫沿面电场变化分析

表 3.8　　耐压试验下绝缘脚垫沿面电场变化分析

耐压试验类型	未黏贴电场均值 E_0（kV）	黏贴后电场均值 E_R（kV）	黏贴前后电场变化 ΔE（V）	电场变化率 $\Delta E/E_0$（%）
低压	622.67	622.60	69.53	0.01
高压	2675.59	2675.75	159.73	0.01

4. 绝缘胶垫电子标签最优黏贴分析

综上可知，耐压试验下绝缘胶垫的顶角电场最小，是电子标签黏贴的最佳区域。黏贴电子标签黏贴到绝缘胶垫最佳区域时，使耐压试验的电场有所增大，但电场增加率不超过 0.01%。绝缘胶垫电子标签最佳区域示意如图 3.35 所示。

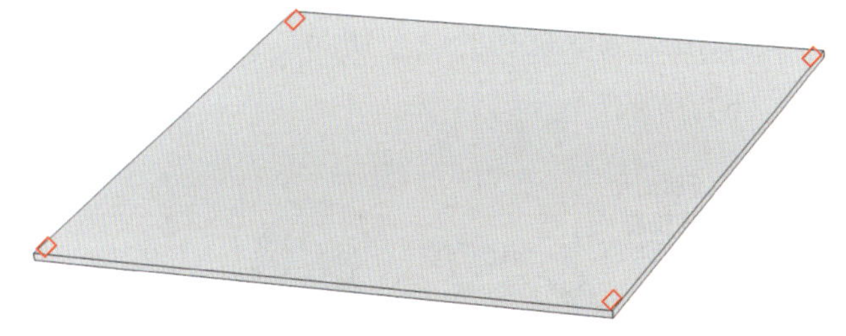

图 3.35　绝缘胶垫电子标签最佳区域示意图

3.1.6　绝缘罩黏贴电子标签前后耐压试验电场仿真分析

1. 绝缘罩耐压试验要求

按照《电力安全工器具预防性试验规程》（DL/T 1476—2023），绝缘罩需按年度开展工频耐压试验，周期和要求如表 3.9 所示，耐压测试方法如图 3.36 所示。

表 3.9　　绝缘罩的试验项目、周期和要求

项目	周期	要求		
		额定电压（kV）	工频耐压（kV）	持续时间（min）
工频耐压试验	1 年	10	30	1
		20	50	1
		35	80	1

高压绝缘罩和低压绝缘罩的主要区别在于其材料和电压等级。10kV 以上电压等级的绝缘罩需要填充绝缘介质，防止电弧放电，而 10kV 以下电压等级的绝缘罩内一般采用瓷套管且瓷套内壁涂半导体釉。因此，高压变压器绝缘罩

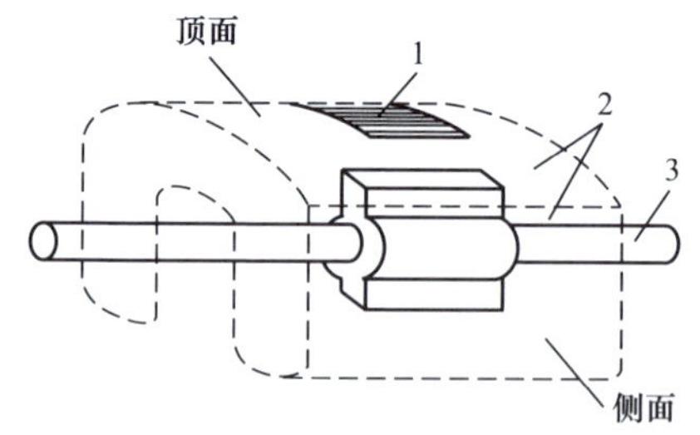

图 3.36　绝缘罩试验电极布置示意图

1—接地电极；2—金属或导电漆；3—高压电极

一般采用硅橡胶材料，而低压绝缘罩则通常使用瓷套管。在具体的选择和应用上，需要根据具体的电压等级和实际需求进行选择。

2. 绝缘罩三维建模与电场仿真

绝缘罩形状较多，在绝缘罩耐压试验中，绝缘罩内外层与金属紧密结合，对于异型绝缘罩通常采用锡箔纸进行包裹。这里采用常使用的圆柱形绝缘罩进行三维建模与耐压试验电场仿真，如图 3.37（a）所示。对绝缘罩耐压的电场进行仿真时，选取沿绝缘罩直径的一个切面，切面的长度为 20cm，高度为 13cm，如图 3.37（b）所示。

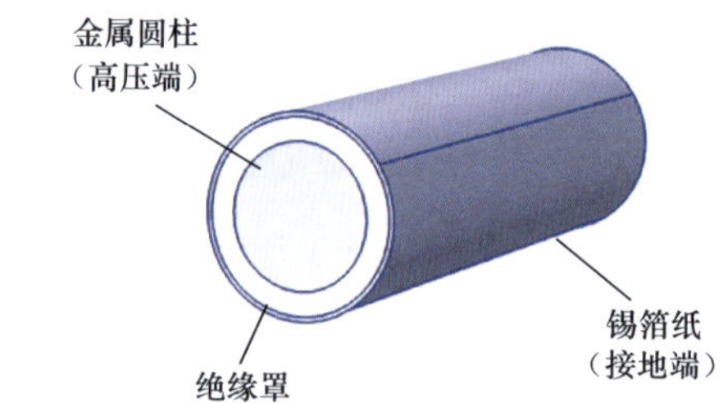

（a）耐压试验下绝缘罩三维建模

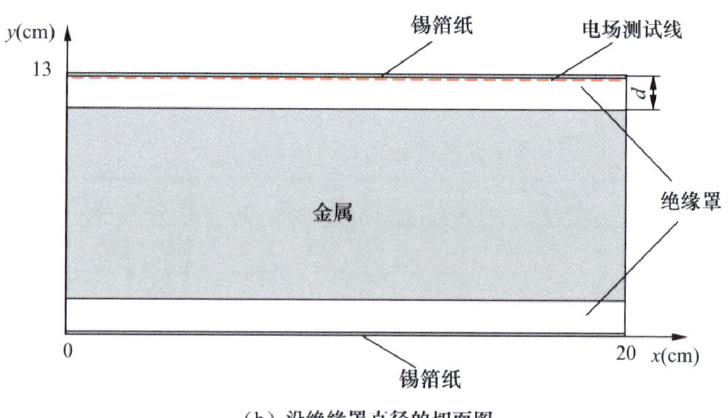

（b）沿绝缘罩直径的切面图

图 3.37　耐压试验下绝缘罩三维建模

分别对不同额定电压绝缘罩电场仿真，分析缘罩二维截面的电场情况，得到的图如图 3.38 所示。从图中可以看出，绝缘罩边界区域的电场较小，因此，

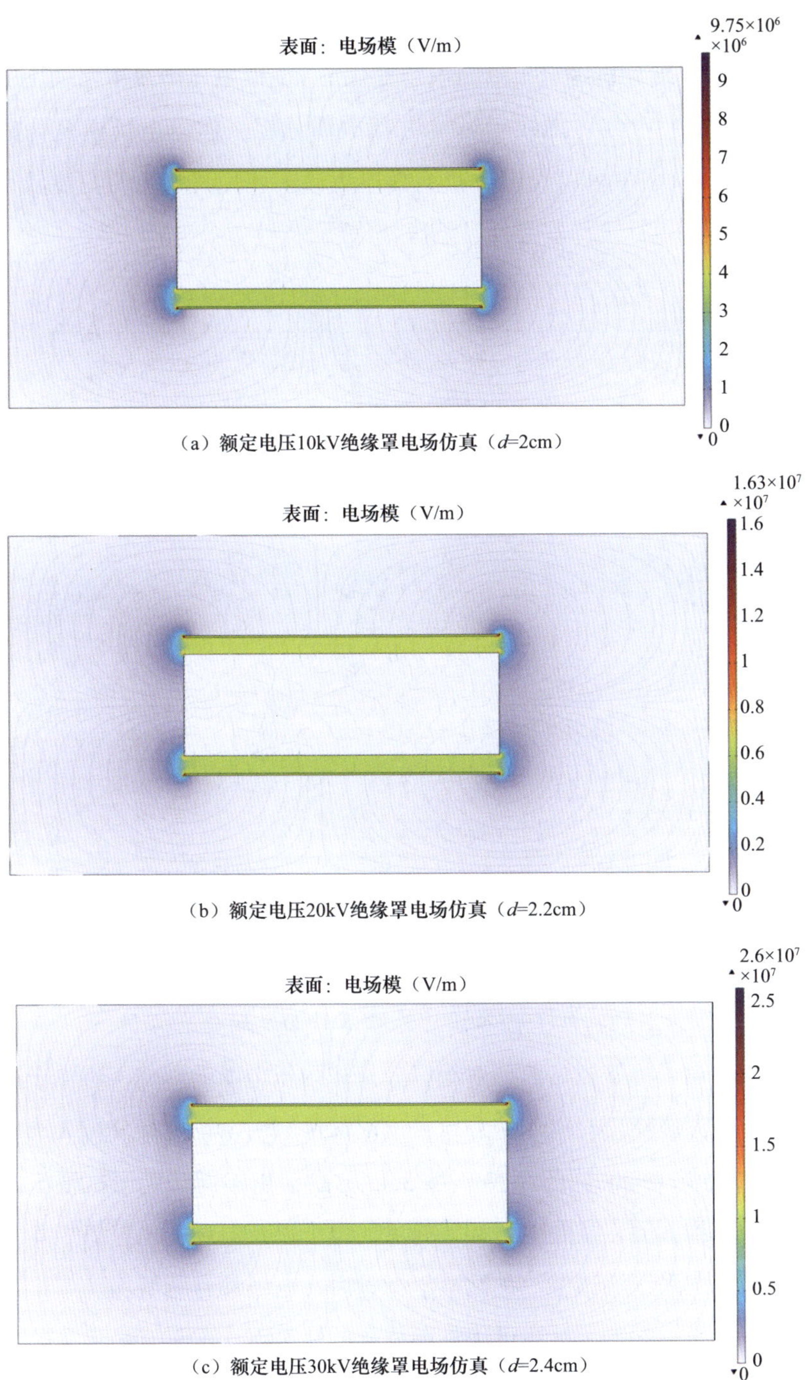

（a）额定电压10kV绝缘罩电场仿真（d=2cm）

（b）额定电压20kV绝缘罩电场仿真（d=2.2cm）

（c）额定电压30kV绝缘罩电场仿真（d=2.4cm）

图 3.38　不同额定电压绝缘罩二维截面电场仿真

将电子标签黏贴到绝缘罩边界区域。

为了更加详细分析绝缘罩沿面电场变化情况，取电压绝缘罩沿面上一条直线［图 3.37（b）中红色虚线电场］进行电场分析，作出电场模变化曲线如图 3.39 所示。从图中可以看出，在绝缘罩边界区域，其电场的幅度较小，绝缘罩边界区域为电标子标签最佳黏贴区域。

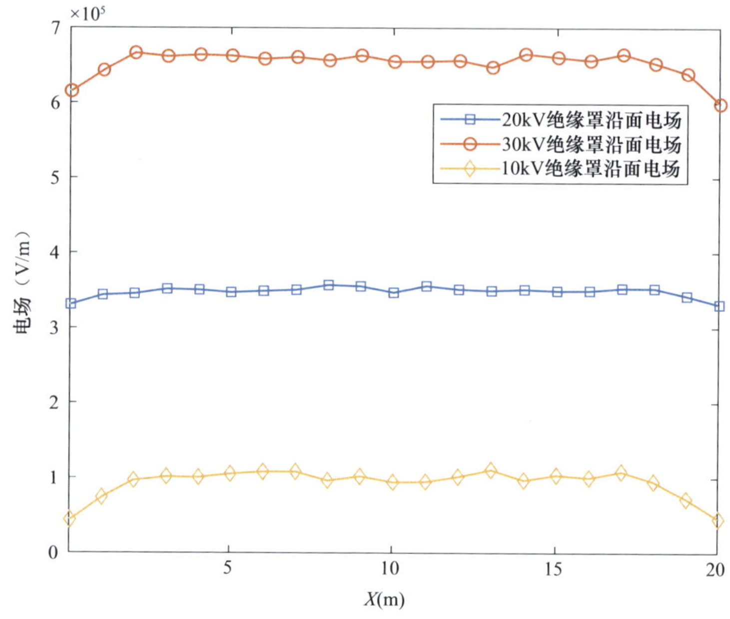

图 3.39　耐压试验绝缘罩沿面电场幅度

3. 耐压试验下黏贴电子标签前后绝缘罩沿面电场仿真分析

为了分析电子标签黏贴前后对绝缘胶垫罩耐压电场的影响，将电子标签黏粘到绝缘罩边界区域，对电压绝缘罩内壁沿面区域的电场进行分析（选取内壁展开区域 18cm×18cm）。图 3.40 ～图 3.42 分别给出不同额定电压耐压试验绝缘罩沿直径二维截面，黏贴电子标签前后的电场以及电场变化差值矩阵。从图中可以看出，在耐压测试中，黏贴电子标签后，电场都有所增加。

在确定绝缘罩的电子标签最优黏贴位置的情况下，这里对最优黏贴电子标签之后的电场进行进一步数值分析，计算出黏贴前后的电场变换平均值与电场变化率，如表 3.10 所示。从表可见，黏贴电子标签后电场有所增大，但增大的幅度较小，电场变化（增加）率不超过 0.003%。

4．耐压场景下绝缘胶垫最优黏贴分析

根据绝缘罩耐压试验的特点，绝缘罩内部各处的电场都较大，仅绝缘罩边界区域电场较小，在绝缘的边界是电子标签黏贴的最佳区域（见图 3.43）。

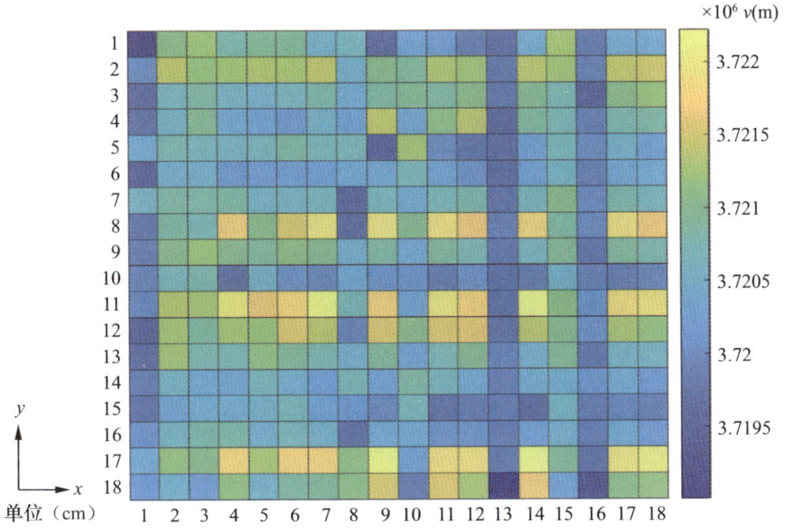

（a）未黏贴电子标签绝缘罩沿直径二维截面的电场

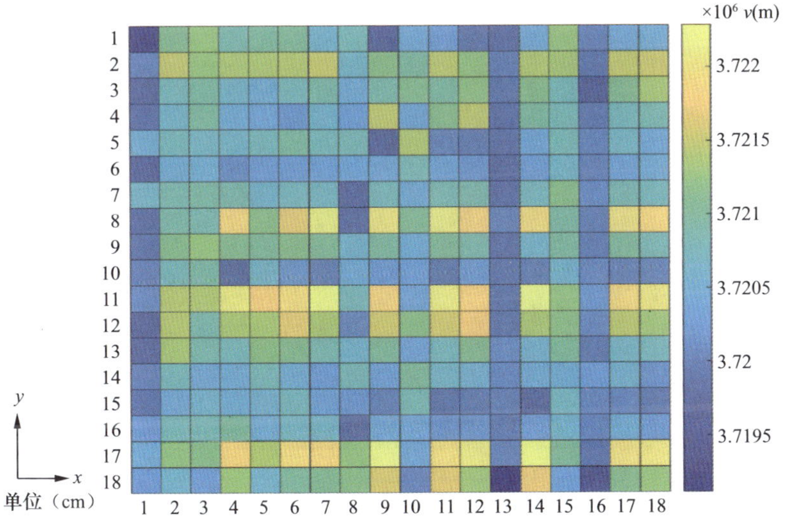

（b）黏贴电子标签绝缘罩沿直径二维截面的电场

图 3.40　额定电压 10kV 耐压试验下绝缘罩截面电场变化分析（一）

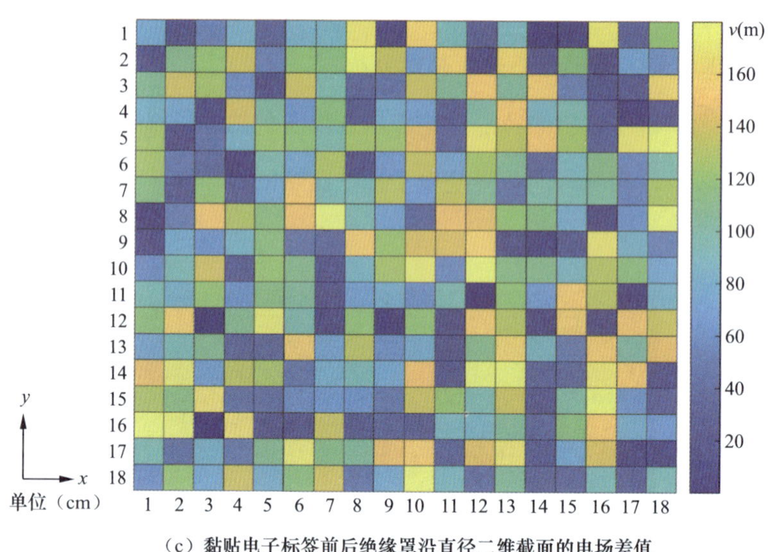

（c）黏贴电子标签前后绝缘罩沿直径二维截面的电场差值

图 3.40　额定电压 10kV 耐压试验下绝缘罩截面电场变化分析（二）

黏贴电子标签黏贴到绝缘罩最佳区域时，使耐压试验的电场有所增大，但电场增加率不超过 0.003%。

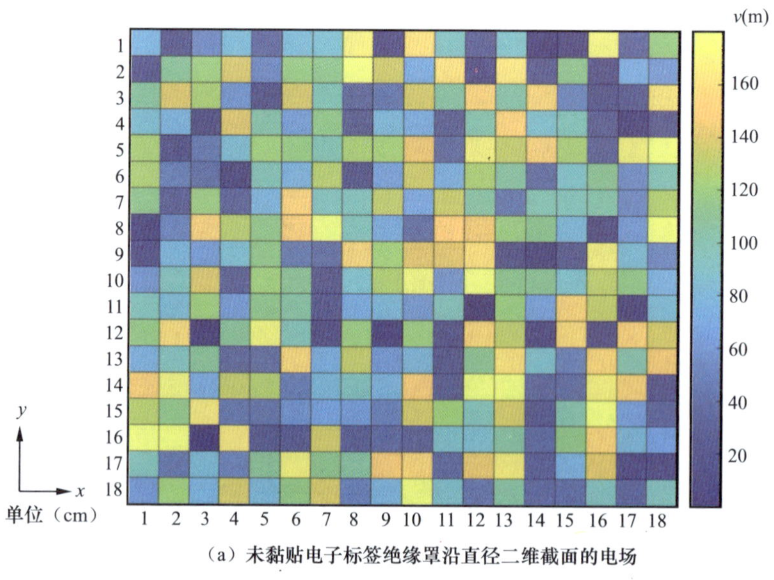

（a）未黏贴电子标签绝缘罩沿直径二维截面的电场

图 3.41　额定电压 20kV 耐压试验下绝缘罩截面电场变化分析（一）

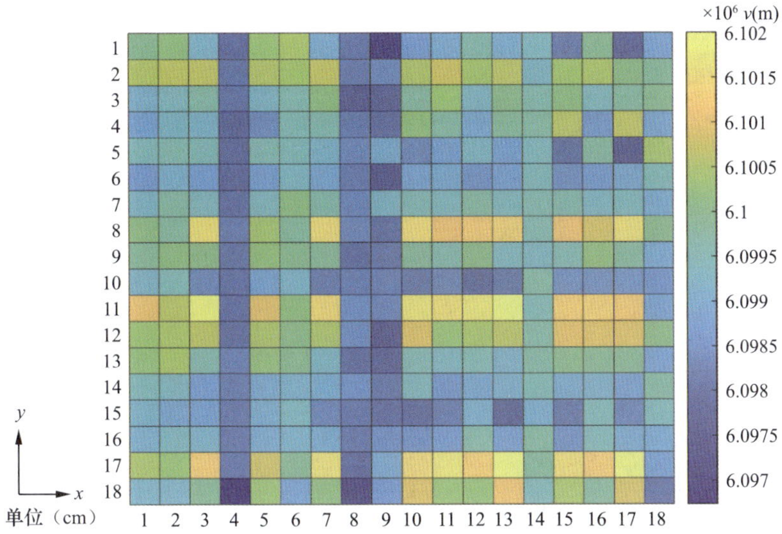

（b）黏贴电子标签绝缘罩沿直径二维截面的电场

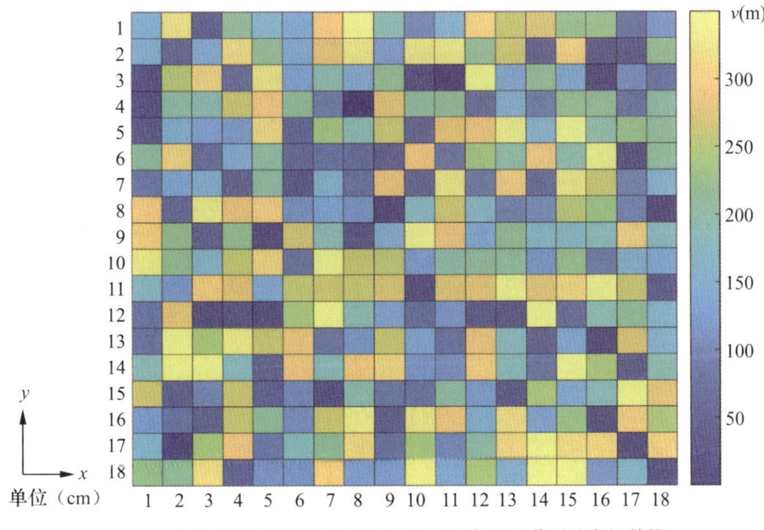

（c）黏贴电子标签前后绝缘罩沿直径二维截面的电场差值

图 3.41　额定电压 20kV 耐压试验下绝缘罩截面电场变化分析（二）

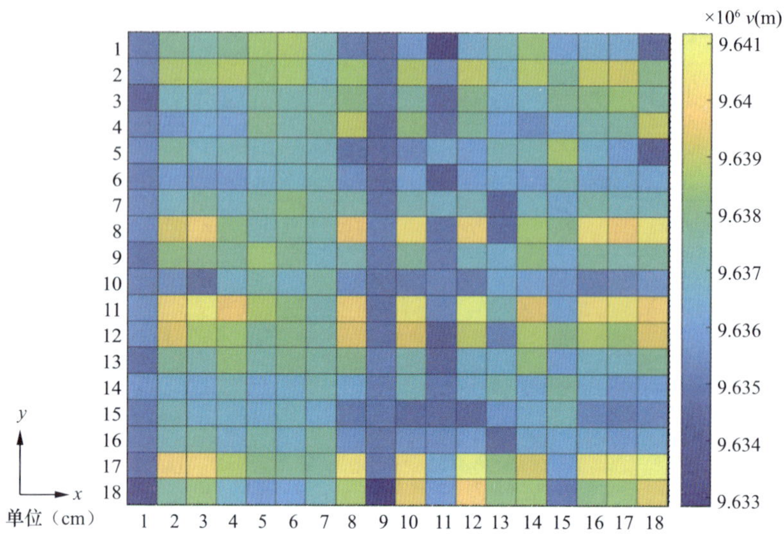

（a）未黏贴电子标签绝缘罩沿直径二维截面的电场

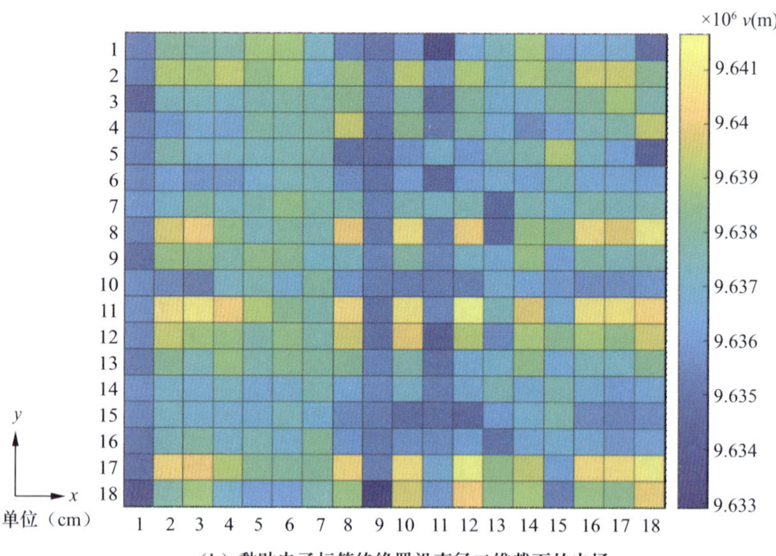

（b）黏贴电子标签绝缘罩沿直径二维截面的电场

图 3.42　额定电压 30kV 耐压试验下绝缘罩截面电场变化分析（一）

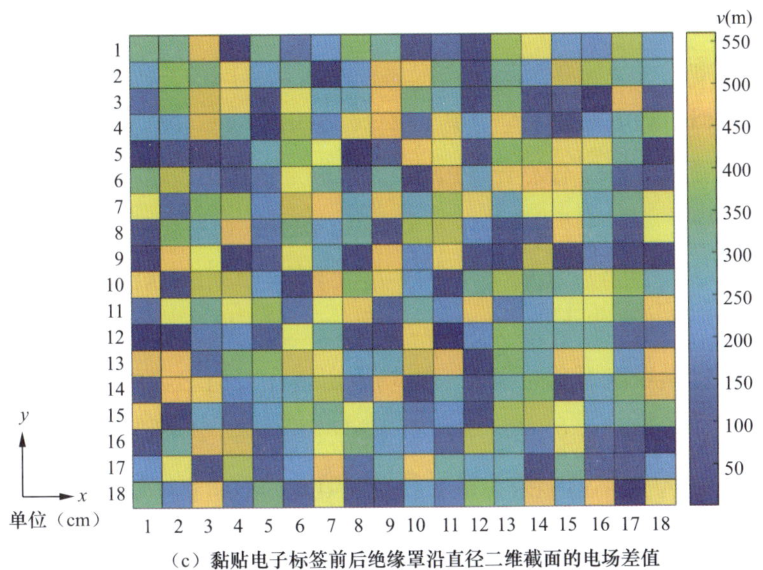

（c）黏贴电子标签前后绝缘罩沿直径二维截面的电场差值

图 3.42　额定电压 30kV 耐压试验下绝缘罩截面电场变化分析（二）

表 3.10　　不同额定电压绝缘罩耐压试验下截面电场变化

额定电压（kV）	未黏贴电场均值 E_0（kV）	黏贴后电场均值 E_R（kV）	黏贴前后电场变化 ΔE（V）	电场变化率 $\Delta E / E_0$（%）
10	3720.65	3720.75	87.75	0.0028
20	6099.36	6099.52	170.08	0.0027
35	96370.72	96371.02	297.09	0.0030

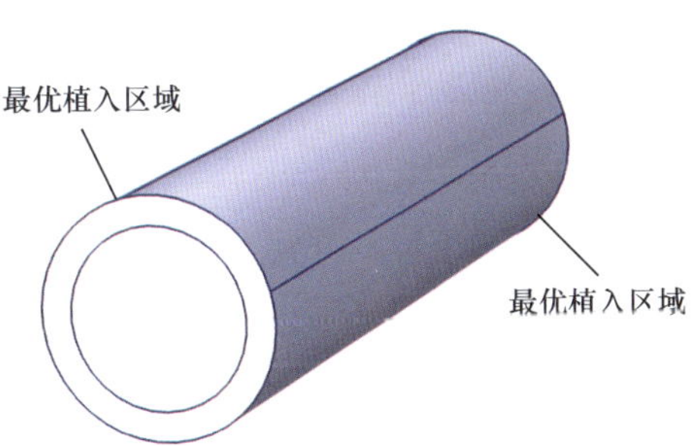

图 3.43　绝缘胶垫最佳区域示意图

3.1.7　黏贴电子标签对安全工器具绝缘性能影响分析

根据《国家电网有限公司供电服务标准》（Q/GDW 10403—2021），不同电压等级允许的电压偏差范围如下：额定电压 110kV 及以上，电压偏差允许范围

为额定电压的 ±5%；额定电压 10 ～ 35kV 的电压，电压偏差允许范围为额定电压的 ±10%；额定电压 1000V 以下，电压偏差允许范围为额定电压的 ±10%。在《家用和类似用途电器的安全　第 1 部分：通用要求》（GB/T 4706.1—2005）中，工频耐压测试误差应不大于 ±10%；对于额定电压在 1000V 以上电压，误差不应大于 ±5%。《信息技术设备　安全　第 1 部分：通用要求》（IEC 60950-1：2013）中也规定，对于额定电压在 1000V 及以下的，工频耐压测试电压误差应不大于 ±10%；而对于额定电压在 1000V 以上的电器，误差不应大于 ±5%。

当电子标签黏贴到最优位置时，电场有所增大，但增大的幅度较小。验电器、绝缘杆、接地绝缘棒电场增加率不超过 0.16%，绝缘手套电场增加率不超过 0.005%，绝缘靴电场增加率不超过 0.01%，绝缘胶电场增加率不超过 0.01%，绝缘罩电场增加率不超过 0.003%。在耐压试验中，安全工器具试验的位置可以近似为平行电场，其电压变化引起的电场的变化近似成正比例。因此，黏贴电子标签对安全工器具耐压试验引起的电场变化都小于额定电压误差与实际工频电压误差引起的变化。所以，黏贴电子标签对安全工器具的耐压试验电场的影响可以忽略，对安全工器具绝缘性能无影响。

3.2　安全工器具植入电子标签后的数据交互能力分析

通过前面的仿真分析，明确了黏贴电子标签对耐压试验下的安全工器具电场的影响，并确定了电子标签黏贴到工器具的最优位置。研究的结论为电子标签黏贴到安全工器具提供指导。

当前，主要采用黏贴的方式将标签固定在安全工器具上。目前也有采用植入的方式将电子标签固定在安全工器具上，如接地绝缘棒、绝缘棒、验电器等安全工器具，在出厂前已将电子标签植入到安全工器具内部。然而，安全工器具绝缘材质的介电常数、电子标签的植入深度以及无线传输频率将影响电子标签的通信性能。因此，还需对材质的介电常数、植入深度与无线传输频率进行研究，明确电子标签植入安全工器具的最优方式以确定电子标签植入安全工器具内部的最优频率，实现无线传输性能的最优。

采用电磁仿真软件 HFSS 建立电子标签植入到工器具的电磁仿真模型，如

图 3.44 所示。图中电子标签外侧的较大的圆柱体即为植入安全工器具的材质。通过对材料进行不同介电常数、植入深度的设置，就可以探究标签采用不同的传输频率的性能。

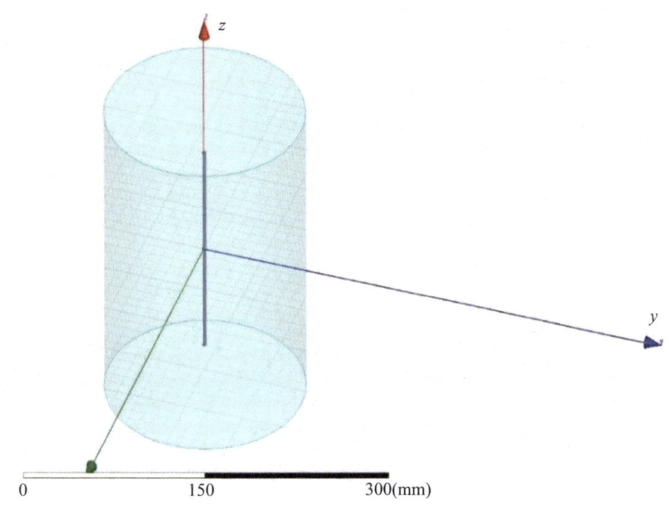

图 3.44　标签在材料内模型

3.2.1　安全工器具材质对电子标签数据传输性能的影响

选取不同的介电常数的绝缘材质进行仿真分析，以此来研究不同介电常数下的传输性能结果。如表 3.11 所示。在介电常数 1.0 ～ 5.0 分别取 8 组不同的数值来模拟不同绝缘材料的安全工器具，选取不同频段对输入回波损耗（S_{11}）进行测试，S_{11} 定义如式（3.2）所示

$$S_{11}=20\lg(\Gamma) \tag{3.2}$$

其中 Γ 代表反射系数，S_{11} 越大，传输损耗就越大。

电子标签植入到不同介电常数下的仿真结果如图 3.45 所示。图中参数 Ser1 代表介电常数，从图中可以看出，工器具采用不同介电常数材料，其回波损耗 S_{11} 的特性也不同，对于不同的介电常数，回波损耗 S_{11} 达到最小值的频率也不同。

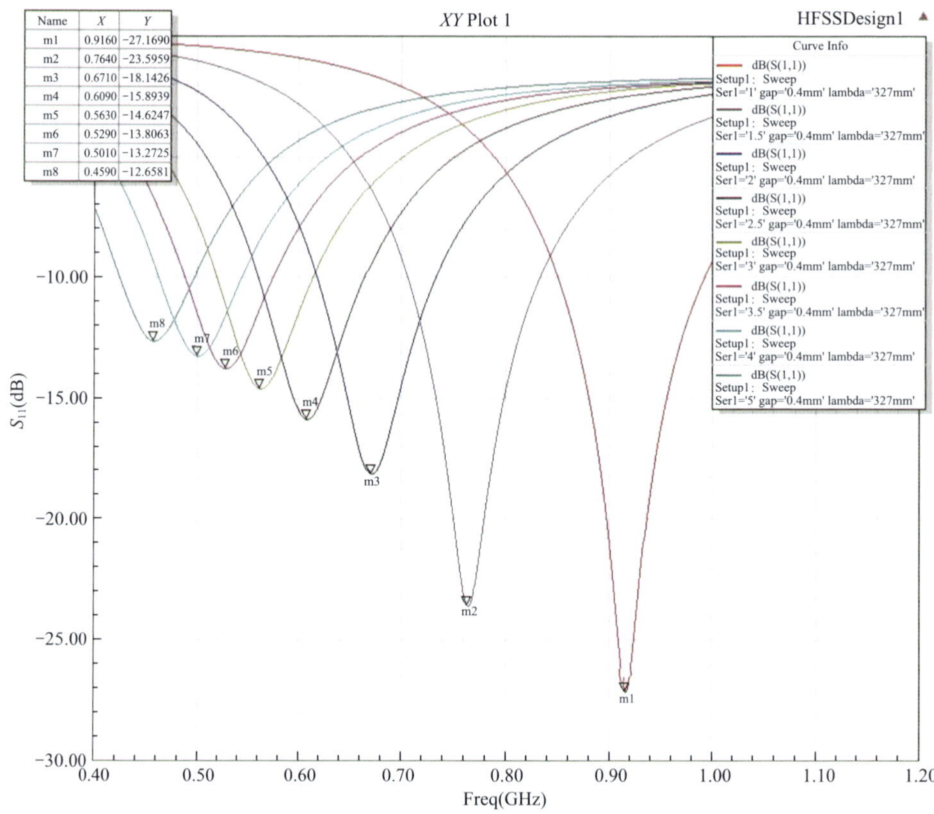

图 3.45　不同介电常数仿真图

表 3.11 给出了植入深度为 20mm，使回波损耗 S_{11} 达到最小时的频率（谐振频率）。安全工器具绝缘材料的相对介电常数一般大于 3，其对应的谐振频率在 500MHz 左右（损耗最小的频率），实际中，电子标签使用的超高频段频率为 860 ～ 960MHz，未实现谐振匹配。

表 3.11　　　　不同介电常数下的仿真值（深度为 20mm）

组数	介电常数（F/m）	S_{11}（dB）	谐振频率（GHz）	组数	介电常数（F/m）	S_{11}（dB）	谐振频率（GHz）
1	1（真空）	−27.1690	0.9160	5	3	−14.6247	0.5630
2	1.5	−23.5959	0.7640	6	3.5	−13.8063	0.5290
3	2	−18.1426	0.6710	7	4	−13.2725	0.5010
4	2.5	−15.8939	0.6090	8	5	−12.6581	0.4590

因此，从安全工器具介电常数的角度分析，对于绝缘材料介电常数在 3 ～ 5 之间的安全工器具，电子标签植入到安全工器具内部时，在相同的功率下要实现最优数据传输，应选择使用频段为 500MHz 附近进行数据交互的电子标签。

3.2.2 植入深度对电子标签数据传输性能影响

将电子标签植入到介电常数为 3 的安全工器具进行仿真分析，如图 3.46 所示。随着植入材料深度的增加，回波损耗 S_{11} 增大，损耗越大。因此，在标签植入时，应该尽可能植入浅一些。

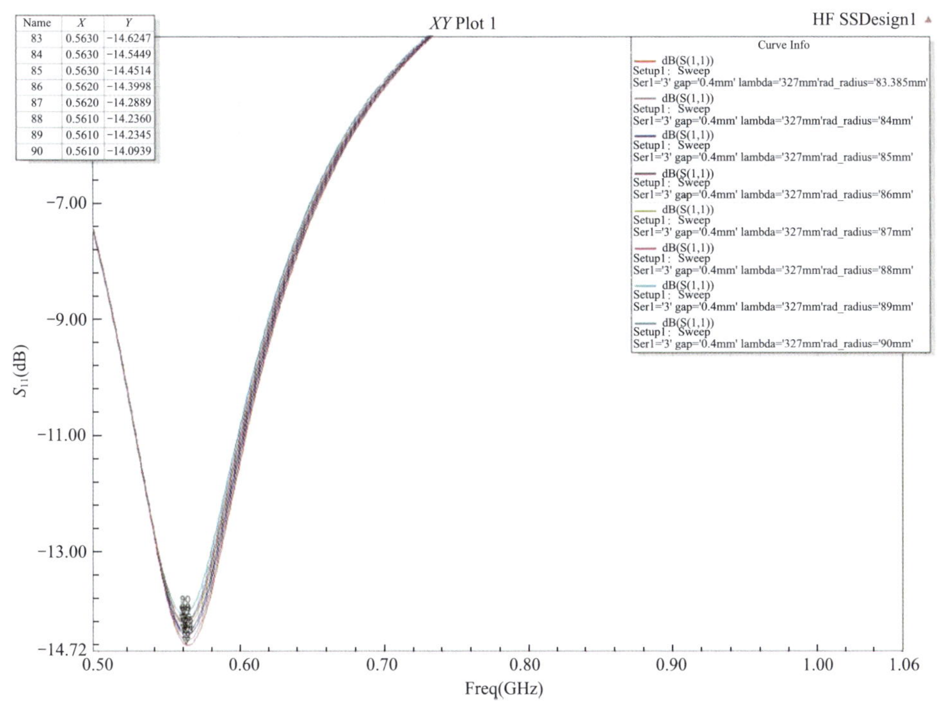

图 3.46 植入不同深度下的仿真图

表 3.12 列出了标签植入到不同深度下的具体仿真数据。从表中可以看出，在介电常数相同（介电常数为 3）的情况下，植入不同的深度，其谐振频率也不同。

RSSI 接收信号强度指标（Received Signal Strength Indication，RSSI），反映了接收信号的强度，RSSI 定义如式（3.3）所示

$$\mathrm{RSSI} = 10\lg P \tag{3.3}$$

表 3.12　　同种材料不同深度下的仿真值（介电常数为 3）

组数	1	2	3	4	5	6	7	8
植入深度（mm）	2	24	25	26	27	28	29	30
S_{11}（dB）	−14.6274	−14.5449	−14.4514	−14.3998	−14.2889	−14.2360	−14.2345	−14.0939
谐振频率（GHz）	0.5630	0.5630	0.5630	0.5620	0.5620	0.5610	0.5610	0.5610

其中，*P* 接收端接收到的功率。图 3.47 列出采用 550MHz 电子标签在不同植入深度下的 RSSI 值，从图中可以看出植入的深度越深，RSSI 值越小，信号的损耗也就越大。

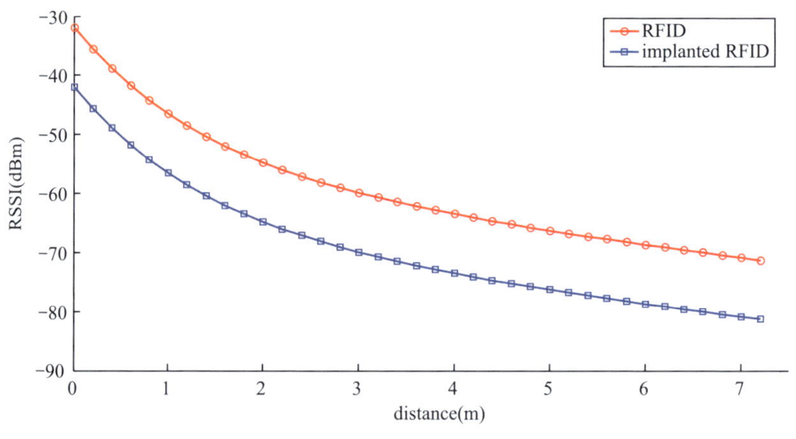

图 3.47　植入不同深度的 RSSI 值

3.2.3　电子标签最优植入方式

综上分析，电子标签的黏贴或植入到内部应该从多个方面进行考虑，包括安全工器具的结构与材质、安全工器具的使用功能与电气特性、植入电子标签对耐压试验电场的影响、强电场对电子标签的影响等多个方面考虑。综述考虑，建立电子标签植入流程如下图 3.48 所示。首先，通过模拟安全工器具耐压试验的电场，确定电子标签最佳黏贴或植入位置。如果在该区域不具备内部植入条件，则在最佳位置采用黏贴方式；如果在该区域具备内部植入条件，则根据该区域的介电常数、植入深度确定电子标签采用的最佳谐振频率（即最优传输频率），实现电子标签内部植入。

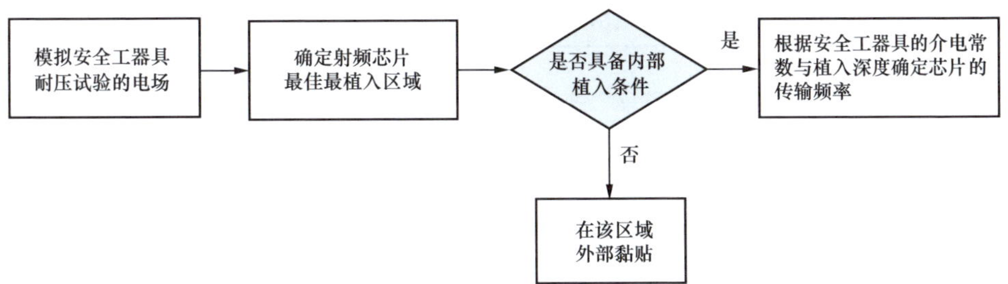

图 3.48　全工器具电子标签最优植入技术

综合考虑安全工器具的使用功能与耐压试验的电场分布，绝缘胶垫、绝缘靴、绝缘手套、绝缘罩适合采用黏贴方式，黏贴采用水洗、硅胶材质封装的电子标签为最佳。

采用内部植入的方式，通常在安全工器具生产过程中实现电子标签的植入。植入过程中，工器具的绝缘材质通常处于高温状态，考虑到植入时高温对电子标签的影响，选择 inlay 型标签进行植入，inlay 型标签如图 3.49 所示。

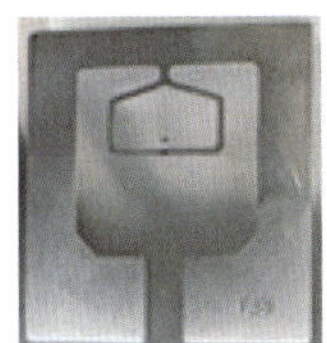

图 3.49　植入的 inlay 型标签

3.3　外部环境对安全工器具电子标签性能影响

3.3.1　强电场环境对安全工器具电子标签影响

在进行耐压试验中，电场可以直接作用于电子标签里的电子元器件对其造成损伤。其损伤机理为强电场通过耦合方式感应出过电压和过电流，再通过传输线、天线等进入电子元器件中。这会对射频电路、信号接口电路及电源、敏感的数字电路，通过热效应烧毁、浪涌效应击穿，造成元器件栅氧化层或金属化线间截止击穿、半导体器件的 PN 结烧毁等。轻则导致电子装备信号传输中断、严重时将会导致系统完全被摧毁。相应的研究表明，不同电子元器件的损伤阈值不同，表 3.13 常用元器件的损伤阈值。

表 3.13　　常用元器件的损伤阈值

元器件种类	损伤阈值（J）
微波二极管	$10^{5} \sim 10^{-4}$
集成电路	$10^{-8} \sim 10^{-2}$
小功率管	$10^{-6} \sim 10^{-2}$
整流二极管	$10^{-4} \sim 10^{-1}$
电子管	$10^{-4} \sim 10^{-2}$

强电场的能量耦合可以造成电子标签永久性损坏，电子标签的能量损伤阈值为 $10^{-8} \sim 10^{-2}$ J。终端耦合能量达到电子标签的耦合能量最低阈值，可能会造成电子标签的损坏。封装后的电子标签的抗耦合损坏能力可提高 2 ～ 3 个数量级。

为明确不同材质电子标签抗电场能力，此处对图 3.50 所示材质的电子标签进行了工频高压破坏测试，以明确能承受的最高电压。

(a) 硅胶标签

(b) 陶瓷标签

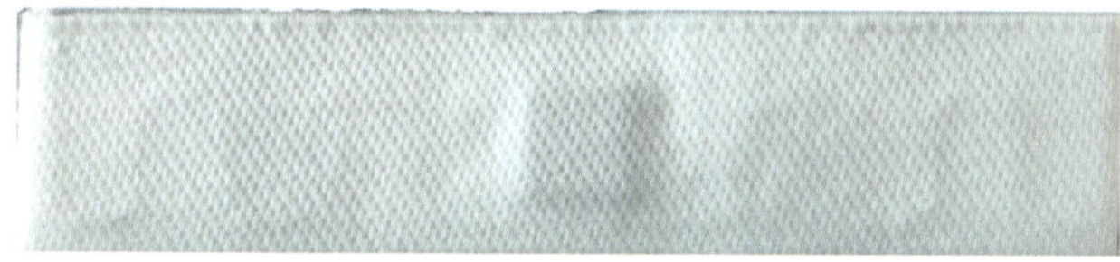

(c) 水洗标签

(d) 抗金属标签

图 3.50　测试的不同材质封装 FRID 标签

采用高压介电强度测试仪 LDJC-50kV 进行测试电子标签耐压性能，如图 3.51 所示。将不同材质封装电子标签放入 LDJC-50kV 测试柜中进行测试，逐步升压，直到电子标签损伤无法读取数据，记录此时的电压为电子标签损伤的最低电压，得到的数据，见表 3.14。

从表 3.14 中可以看出，不同材质封装的标签，其损伤电压不同。陶瓷标签的损伤电场强度最大，洗唛标签损伤电压强度最小。耐压试验升压曲线如图 3.52 所示。

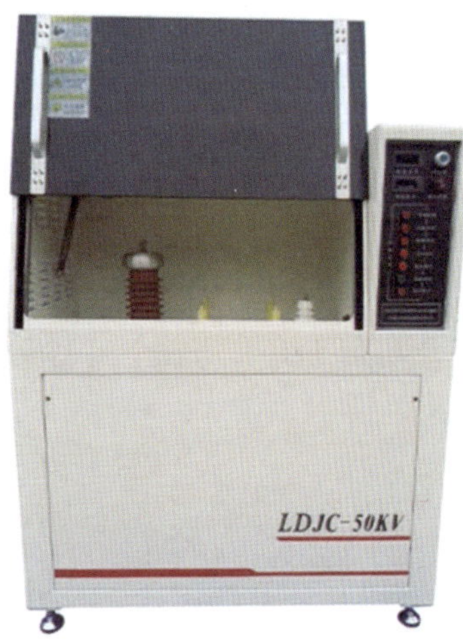

图 3.51 LDJC-50kV 高压介电强度测试仪

表 3.14 不同材质封装 FRID 损伤电场强度

材质	损伤的最低电压（kV）
硅胶	113
陶瓷	180
洗唛标签	96
抗金属标签	174

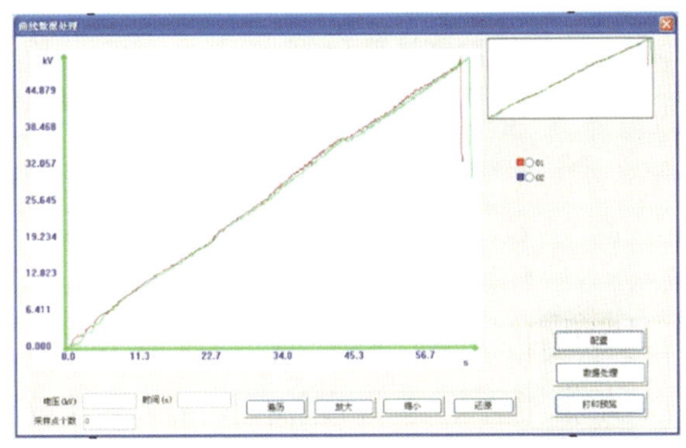

图 3.52 耐压试验升压曲线

3.3.2 高温对安全工器具电子标签的性能影响

高温会对电子标签封装材料的介电常数造成影响，影响电子标签的传输特性。

1. 高温对安全工器具电子标签封装材质介电常数的影响

对于安全工器具而言，温度升高会使对安全工器具的绝缘材质介电常数增大。图 3.53 给出了石英陶瓷为 0 ～ 800℃的介电常数，从图中可以看出温度越高，介电常数越大。介电常数较高的材质会使植入到安全工器具内部的电子标签的无线传输信号减弱，从而减弱电子标签的传输距离与传输性能。因此，温度升高会使植入到安全工器具内部的电子标签数据传输性能降低。

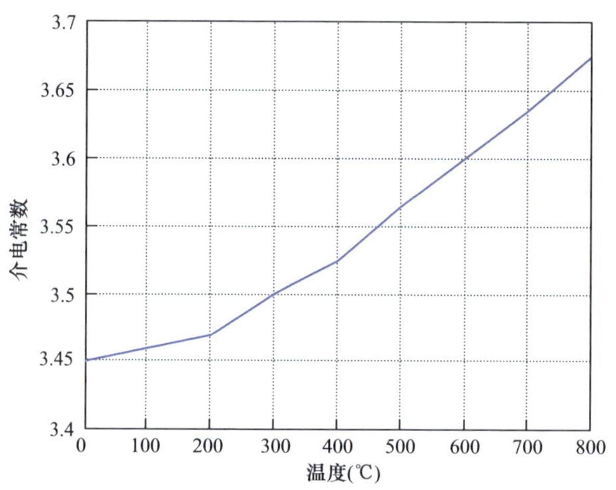

图 3.53　陶瓷介电常数与温度的关系

2. 高温环境下电子标签传输性能测试

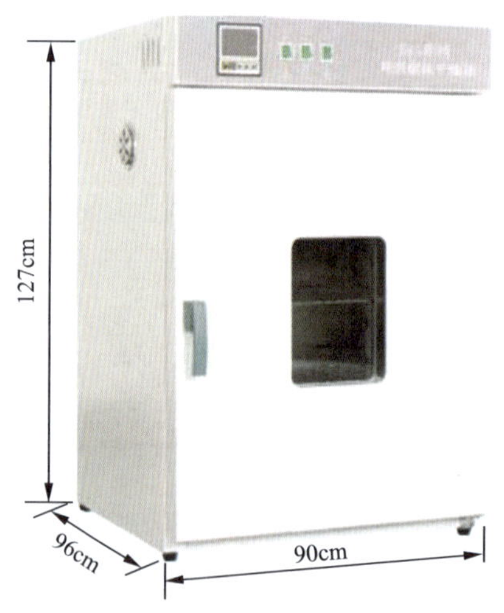

图 3.54　耐压测试恒温箱

从电子标签自身耐高温的角度出发，电子标签的温度范围通常为 −40 ～ +125℃，正常通信信号强度 RSSI 为 −30 ～ −90dBm。当 RSSI 为 −90 ～ −110dBm 时，读取的失败率较大，小于 −110dBm 无法有效读取。

不同的封装材质可以有效减弱温度对电子标签的影响，但温度升高又会影响封装材料的介电常数，从而降低电子标签的传输性能。本书将电子标签置于箱内加热，达到测试的温度时，开箱后将读写器的天线置入恒温箱内，如图 3.54 所示。

分别记录不同温度下的电子标签发射信号强度 RSSI 值，测试数据如表 3.15 所示。

从表 3.15 中可以看出，水洗材质电子标签最大允许传输温度为 150℃，温度值最高。这是因为温度升高对封装材质介电常数有所影响，但水洗电子标签封装的材质较薄，对电子标签的传输性能影响较少。抗金属与陶瓷的最高工作温度分别为 140℃与 130℃，温度升高使其介电常数增大，使电子标签的传输性能略有降低。当温度降低到常温时，水洗、抗金属、陶瓷封装的电子标签还会继续工作。硅胶的最大允许传输温度最低，高温下使其材质发生了质变与形变。当温度达到 120℃，硅胶形状发生了改变，导致内置电子标签结构随之发生物理性改变，造成不可逆的损伤。

表 3.15　高温场景对电子标签发射功能的测试 (RSSI/dBm)

工作温度	10℃	20℃	30℃	40℃	50℃	60℃	70℃	80℃	90℃	100℃	110℃	120℃	130℃	140℃	150℃	160℃
硅胶	−73	−75	−75	−76	−78	−80	−83	−84	−86	−89	−93	×	×	×	×	×
陶瓷	−61	−63	−64	−66	−67	−67	−68	−69	−70	−72	−73	−75	−77	×	×	×
水洗	−62	−62	−62	−63	−65	−65	−66	−68	−68	−69	−71	−72	−74	−74	−76	×
抗金属	−60	−60	−61	−61	−63	−64	−65	−69	−69	−70	−73	−74	−76	−79	×	×

注　“×”表示无法读取电子标签的数据。水洗读取的最高温度为 150℃，抗金属最高工作温度为 140℃，陶瓷的最高工作温度为 130℃，硅胶最高工作温度为 120℃。

3.4　安全工器具电子标签抗干扰评价和检测方法研究

为了对安全工器具电子标签的抗干扰性能进行评价，选择电子标签主要性能参数作为评价参量，并建立了测试环境，给出了安全工器具电子标签抗干扰综合性能评价方法。

3.4.1　安全工器具电子标签抗干扰性能检测关键参数

针对安全工器具电子标签使用环境的特殊性，此处选取，选择具有代表性的 3 个参数作为安全工器具电子标签抗干扰性能评价参数。

1. 电子标签天线阈值功率 P_{th}

直接测量电子标签天线的阈值功率较困难，可通过对读写器模块的参数测量换算出来。通过控制终端逐渐增加读写器模块的输出功率 P_{out}，直到电子标签刚好能够工作，此时控制终端上的软件界面会显示出读取到的电子标签信息，表明读写器端接收到了电子标签天线的响应信号。设使用的读写器天线的增益为 G_t，则此时的读写子系统的发射功率 P_t，电子标签天线的阈值功率 P_{th} 如式（3.4）所示

$$P_{th}(\mathbf{dB}) = P_{out}(\mathbf{dBm}) + G_t(\mathbf{dBi}) - L_{cable}(\mathbf{dB}) \tag{3.4}$$

其中，L_{cable} 为连接读写器天线与读写器模块之间的传输线线损。

2. 电子标签的误读取率 FAR

为了便于测量，电子标签的误读取率可以通过读写器读取的信号来衡量，在读写器发射功率恒定的情况下（发射功率为 P_t），在单位时间内错误读取次数 P_E 与总读取次数 P_R 之比如式（3.5）所示

$$\text{FAR} = \frac{P_E}{P_R} \tag{3.5}$$

3. 读写器接收信号的强度（RSSI）

RSSI 是信号强度的一个指标，RSSI 的值对应的单位是 dbm，表示某一功率与 1mW 的相对关系，RSSI 计算公式如式（3.6）所示

$$\text{RSSI} = 10\lg\frac{P(\text{mW})}{1(\text{mW})} \tag{3.6}$$

对于无源电子标签，读写器发射功率 P_t，激活电子电子标签接收到的 RSSI 越大，说明电子标签的抗干扰性能就越好。

3.4.2 电子标签抗干扰测试环境

在实验室搭建了电子标签抗干扰测试环境。测试应该在温度为 −3 ～ 23℃、40% ～ 60% 的空气湿度环境中进行，被测电子标签应与读写器之间的距离 d 保持 1m，支撑背板应与读写器天线平行。测量某一个参数时，对同一个参数测量 50 次，计算平均值和标准差，以平均值为作为测量的结果。智能安全工器具射频信号测试装置如图 3.55 所示。电子标签检测界面如图 3.56 所示。

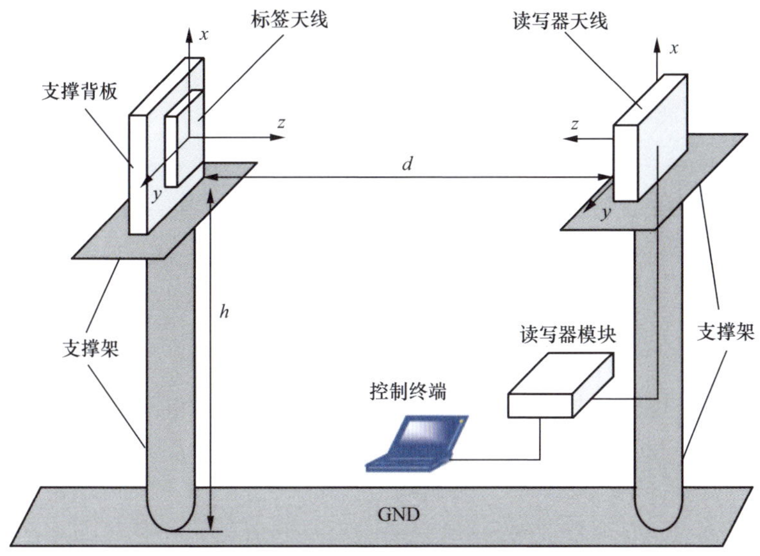

图 3.55　辐射特性测试示意图

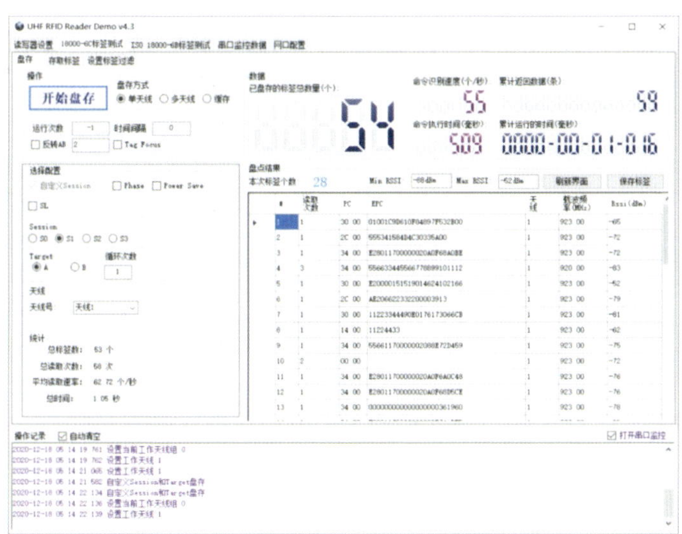

图 3.56　电子标签检测界面

3.4.3　安全工器具电子标签抗干扰性能评价

针对安全工器具使用的特殊性，参考《Information technology-Radio frequency identification for item management》（ISO/IEC 18000-64）与《射频识别 800/

900MHz 空中接口协议》(GB/T 29768—2013)，要实现电子标签正确的读取，安全工器具电子标签各个指标都应该满足表 3.16 的要求。

表 3.16 电子标签性能指标要求表

P_{th}	FAR	RSSI
>5dBm	>0.3	>−90dB

电子标签阈值功率 P_{th} 越小，标签的性能就越优，以 5dBm 作为参考阈值功率；电子标签的误读取率用 FAR 表示，这里有 0.3 作为 FAR 的优劣分界值；读写器接收信号的强度 RSSI 越大越好，RSSI 小于 −90 dBm 认为信息无法读取，建立以 P_{th}、FAR、RSSI 的安全工器具电子标签性能指标 S 如式（3.7）所示

$$S = a \times \frac{P_{th} - 5}{5} + b \times \frac{\mathrm{FAR} - 0.3}{0.3} + c \times \frac{\mathrm{RSSI} + 90}{90} \tag{3.7}$$

式中：a、b、c 为权重值，$a+b+c=1$。在三个参数中，接收信号的强度 RSSI 是影响电子标签的最重要的因素，读取率 FAR 次之，故按照权重值分别为 c=0.5、b=0.3、a=0.2 对电子标签抗干扰性能，即式（3.7）进行评分，评价标准如表 3.17 所示。

表 3.17 基于 S 参数的电子标签抗干扰性能评价

S 取值	≥ 0.7	(0.7,0.6]	(0.6,0.5]	≤ 0.5
电子标签等级	优	良	中	不合格

 小结

本章针对智能安全工器具数据交互检测与评价方法展开研究。针对电子标签对安全工器具绝缘性能影响问题，建立了 110kV 及以下验电器等 4 类基本绝缘安全工器具和绝缘垫等 3 类辅助绝缘安全工器具有限元分析模型，通过分析比较明确了电子标签最优黏贴位置与黏贴后安全工器具表面电场变化情况。在此基础上，进一步考虑不同绝缘材料介电常数和植入深度对电子标签谐振频率的影响，明确了预植入电子标签的安全工器具的标签选型和传输频率。最后，通过试验，明确了温度、强电场等因素对电子标签的影响，提出了基于阈值功率、误读取率和信号强度的电子标签抗干扰评价模型。

4

智能安全工器具关键状态量检测方法研究

4.1 智能安全工器具定位检测技术分析

近年来，随着北斗系统（Global Navigation Satellite System，GNSS）持续完善，北斗定位技术已应用于智能安全工器具管理中，主要应用于作业人员位置管理、工器具的状态监控与快速定位等。比如，智能安全帽中植入无线定位电子标签，管理人员可以实时掌握作业人员的位置信息，管控作业人员作业范围，避免发生安全事故。智能接地线定位技术可以准确地定位智能接地线的位置，确保设备的安全可靠地接地。

针对智能安全帽、智能接地线等智能安全工器具的高定位精度需求，缺乏统一的智能安全工器具高精度定位检测方法。本书通过对 GNSS 现有定位技术进行比较分析，针对实时动态北斗系统的频率间偏差（Inter Frequency Bias，IFB）与系统间偏差（Inter System Bias，ISB）造成的定位误差，构建基于粒子滤波技术优化的 GNSS 定位方法，并研制了安全工器具定位检测标准模块，实现了智能安全工器具厘米级定位检测。

4.1.1 现有安全工器具定位方法分析

GNSS 辅以实时动态定位技术（Real-Time Kinematic，RTK）对信号进行差分处理，能够实时消除钟差误差，从而实现较高的定位精度。近年来，RTK+GNSS 快速发展，主要有点检测法、连续运行监测站检测法、分时测量等定位方式。

1. 点检测法（Precise Point Positioning，PPP）

单点定位是在协议地球坐标系中，直接确定观测站相对于坐标原点的绝对坐标的一种方法，也称为绝对定位。与相对定位相比，单点定位的精度较低，但成本较低，因为只需要一台接收机参与测量过程。

接收机主要可以计算伪距观测值、载波相位观测值与多普勒观测值三类的原始信息。GNSS 测量过程中会存在各种各样的因素影响定位效果，所以接收机与卫星之间的伪距观测值并非接收机与卫星间的真实距离，还包括一些误差。将误差考虑在内时，伪距和载波相位、多普勒观测方程分别表示如式（4.1）所示

$$\begin{cases} P_i = \rho + c(\delta_r - \delta_s) + T + \tilde{\alpha}_i(I + b_P) + M_i + \varepsilon_P \\ L_i = \rho + c(\delta_r - \delta_s) + T - \tilde{\alpha}_i(I + b_P) + B_i + m_i + \varepsilon_L \end{cases} \tag{4.1}$$

式中 i——单频观测的频率；

ρ——测点与卫星间的距离；

δ_s——卫星钟差；

δ_r——接收机钟差；

T——对流层延迟；

I、$\tilde{\alpha}_i$——电离层延迟及相应的系数；

B_i——模糊度；

M_i、b_P——伪距的多路径和伪距的硬件延迟；

m_i——相位的多路径；

ε_P——伪距噪声；

ε_L——相位噪声。

在上述方程中，卫星钟差、对流层误差、电离层误差等绝大多数误差通常可以通过理论算法模型进行校正。由于用户受到外部精密卫星轨道和钟差产品的制约，同时由于卫星和接收机硬件的非零初始相位的影响，破坏了载波相位的整周模糊度特性，因此 PPP 技术需要较长的初始化时间，通常约为 30min 的收敛时间。再加之，多路径等噪声误差无法完全去除，从而造成定位实时差、定位精度不高，不适于应急抢修、汽车导航以及智能安全工器具等实时性

要求高的应用中。

2. 连续运行监测站检测（Continuously Operating Reference Station，CORS）

连续运行监测站检测法定位精度不受卫星、接收机钟差影响，其参考站利用已经建成的连续运行参考站实时监测、跟踪卫星数据进行用户定位，随着各国 CORS 网络的建立完善，多参考站技术被广泛应用于高精度定位。

CORS 系统主要由连续运行参考站子系统、数据中心、通信系统和用户子系统四部分组成。在 CORS 系统中，各参考站对 GNSS 卫星进行连续地观测和记录，利用通信网络将观测数据实时传输到数据中心，数据中心将参考站的观测数据进行处理和更新后播发给用户，用户结合自身的观测数据即可获得高精度的三维坐标，CORS 系的构成如图 4.1 所示。

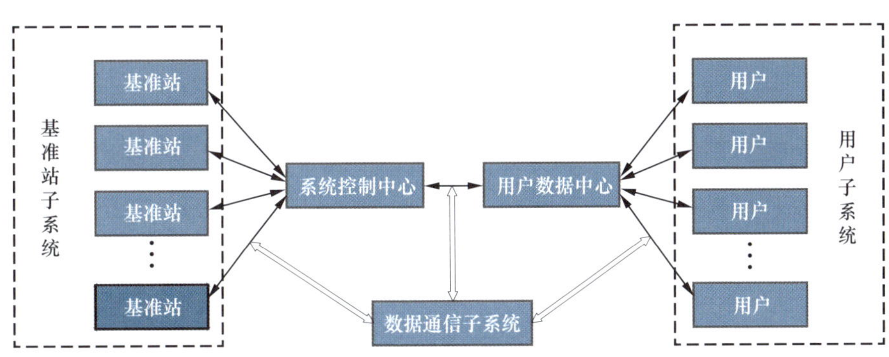

图 4.1　CORS 系统的组成

为了解决受到距离限制的问题，连续运行监测站检测法主要有虚拟参考站技术（VRS）、主辅站技术（MAC）、区域改正数法（FKP）和综合误差内插法（CBI）等。

在多参考站定位过程中，存在收星受限问题，特别是在城市、森林、峡谷等受遮挡的环境下，导致定位精度不佳。甚至在某些时刻，由于卫星数量过少无法对用户站进行定位。即使卫星数量满足基本要求，由于观测方程冗余度低，也会导致用户定位精度下降。因此，连续运行监测站检测法无法实现安全工器具精确定位，不能作为定位检测的基准，其定位精度还有待提高。

3. 分时测量定位法

时差定位技术是利用目标辐射源发送的信号到达各个基站所产生的时间差

建立非线性时差方程组。定位的核心是对这个非线性方程组进行求解，因此采用的定位解算方法直接影响最终的定位精度。

常见的分时测量定位方法有基于接收信号强度（RSSI，Received Signal Strength Indication）的定位方法、基于到达角度（AOA，Angle of Arrive）的定位方法、基于到达频率差（FDOA，Frequency Difference of Arrival)、基于到达时间（TOA，Time of Arrival）的定位方法、基于到达时间差（TDOA，Time Difference of Arrival）的定位方法等。与其他无源定位方法相比，基于TDOA的定位可以实现更高的定位精度。

基于TDOA的定位改进了TOA定位中需要严格实现目标与监测站间的时间同步问题。时差定位方法也叫双曲线定位，与TOA技术不同的是利用从目标源到两监测站之间的信号传播的时间差来定位。其原理是在平面上双曲线上的任意一点到其对应两个焦点的距离差始终相同，当监测站数目不少于三个时，以两个监测站为焦点，就能获得两组以上的双曲线，待定位目标的位置就在多条双曲线的交点处，如图4.2所示。

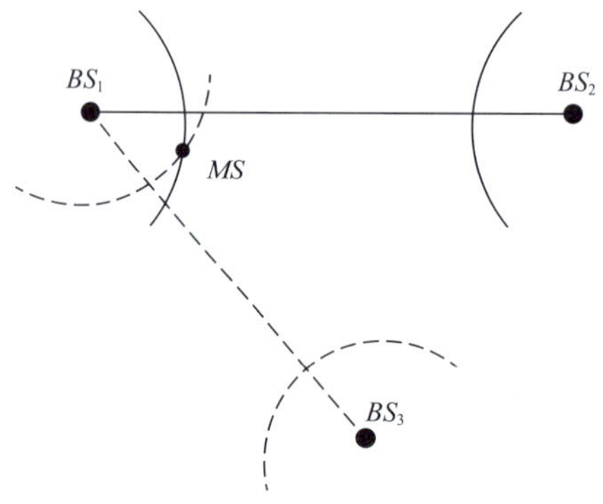

图4.2 TDOA定位原理

而基于TDOA的方法，与基于AOA的方法相比之下其监测站的架设难度较小，在硬件实现方面不需要复杂的阵列天线，架设的成本更低且估算能力和抗干扰能力更强，定位效果更好。与TOA的方法相比，只需在每个监测站中添加时间同步模块保证各个监测站之间的时钟同步即可，现在使用GPS等系统都可以提供精度很高的时间同步。

然而，TDOA需要多个系统，当存在多径影响时，定位精度会降低，且TDOA存在频率间偏差与系统间偏差（IFB/ISB），其定位精确度还有待进一步提高。因此，分时测量定位法的定位精度达不到作为定位检测标准的要求。

综合来看，不同的监测方法适用于不同的场景和需求。点检测法实时性差，仅适用于简单设备的定期检测；连续运行监测法适用于重要设备的实时监测，在遮挡的环境定位精度有所下降；分时测量则是实时性与定位精度折中的一种选择，但定位精度仍达不到作为定位检测标准的要求。不同定位方法的性能分析如表 4.1 所示。

表 4.1　　不同定位方法的性能分析

监测方法	优点	缺点
点检测法	简单易行、成本较低、适用于周期性检测、及时发现问题并修复	不能连续监测、实时性差，可能会漏检问题、无法全面监控
连续运行监测法	实时监测系统运行状态、提供连续数据、快速检测问题并采取应对措施	设备成本高、专业设备监测、维护管理成本高、不适用于遮挡的环境
分时测量	兼顾实时监测和定期检测优势、关键时刻高频率监测、其他时候降低频率	时间资源分配需特定、人力技术要求较高、特定时刻需频繁变动，受多径信号的影响

4.1.2　基于粒子滤波优化的 RTK+ 多 GNSS 紧组合智能工器具室外定位技术

基于上述分析，智能安全感工器具亟需建立一种实时性与定位精度高的定位检测基准方法，本书在智能工器具的 RTK+ 多 GNSS 紧组合定位技术的基础上，采用粒子滤波优化进行优化，以消除（IFB/ISB）的影响，从而提高定位精度，建立智能安全工器具定位检测基准技术。

智能安全工器具的定位信号在通道中传播有一定的延迟，当信号通过不同的通道进行传播时，硬件延迟也将不同。硬件延迟同时存在于卫星和智能工器具中。卫星端的硬件延迟每个频率只有一个，对于不同的 GNSS 系统间的卫星信号，智能工器具的定位硬件延迟可能会不同；对于 GLONASS 的不同通道的卫星信号，智能安全工器具的定位硬件延迟也可能不同。GLONASS 不同通道间的硬件延迟差异会导致频率间偏差（Inter Frequency Bias，IFB），不同 GNSS 系统通道间的硬件延迟差异会导致统间偏差（Inter System Bias，ISB），不同码类型信号的通道差异会导致相对码延迟偏差（Delay Compensation Buffer，DCB）。为此，综合考虑 IFB 与 ISB 的影响，采用粒子滤波优化的 RTK+ 多 GNSS 紧组合定位技术，实现智能安全工器具高精度定位。

1. 智能安全工器具多 GNSS 紧组合相对定位模型构建

多 GNSS 环境下，由于可观测的卫星个数增加，不同 GNSS 系统的信号组合能够有效缩短初始化时间、提高定位精度。多 GNSS 系统组合定位模式可分为松组合模式和紧组合模式，松组合是指在每个系统中各自选择一颗参考卫星，紧组合模式在所有系统中只选择一颗参考卫星，在已有先验 ISB 校正参数的条件下可以增加多余观测量个数，增强平差模型。特别是在复杂环境下，单一的 GNSS 系统卫星个数较少，甚至不能满足定位要求，模糊度难以固定，这时候采用紧组合的解算方法可以组建系统间双差观测方程，实现任意系统间的双差模糊度固定。但是当采用紧组合的方式时，需要考虑不同 GNSS 系统信号相对于接收机硬件延迟的差异以及信号频率不同对模糊度固定的影响。

对于采用 FDMA 技术的 GNSS 系统，由于不同卫星所使用的信号频率不同，因此需要消除不同波长对双差模糊度固定的影响。无论是采用 FDMA 技术的 GNSS 系统内部还是不同 GNSS 系统间，不同波长对双差模糊度固定所产生的影响是一致的，对卫星 F_1 和 M_s 进行求差，接收机钟差被消除，形成的双差观测方程如式（4.2）所示

$$\begin{aligned} L_{ab,i}^{F_lM_s} &= \rho_{ab}^{F_lM_s} + dt_{ab} + \lambda_i^{M_s} N_{ab,i}^{M_s} - \lambda_i^{F_l} N_{ab,i}^{F_l} + \alpha_i^{FM} + (k^{M_s} - k^{F_l})\Delta\gamma + \varepsilon_{ab,i}^{F_lM_s} \\ P_{ab,i}^{F_lM_s} &= \rho_{ab}^{F_lM_s} + \beta_{ab,i}^{F_lM_s} + \xi_{ab,j}^{F_lM_s} \end{aligned} \tag{4.2}$$

将两个不同系波长的单差模糊度之差转换成一个具有整数特性的双差模糊度以及一个与参考卫星单差模糊度有关的部分。

式（4.2）中的双差相位观测方程可以按照式（4.3）进行表示

$$L_{ab,i}^{F_lM_s} = \rho_{ab}^{F_lM_s} + \lambda_i^{F_l} N_{ab,i}^{F_lM_s} + (\lambda_i^{F_l} - \lambda_i^{M_s}) N_{ab,i}^{M_s} + dt_{ab} + (k^{M_s} - k^{F_l})\Delta\gamma + \varepsilon_{ab,i}^{F_lM_s} \tag{4.3}$$

由于存在等号右侧的第三项和第四项，此时的双差模糊度便不再具有整数特性。第三项是由于波长不同对双差模糊度固定所造成的影响。第四项是由于接收机端 UPD 对于不同 GLONASS 卫星所造成的相位 IFB，该影响与参考卫星的单差模糊度相关。参考卫星的单差模糊度初值计算公式为

$$N_{ab,i}^{M_s} = \frac{1}{\lambda_i^{M_s}} (L_{ab,i}^{M_s} - P_{ab,i}^{M_s}) \tag{4.4}$$

如果计算 $N_{ab,i}^{M_s}$ 的误差为 $\delta_{\Delta N}$，那么由不同波长对双差模糊度所产生的影响为

$$\delta_{\Delta\lambda} = \frac{\left|\lambda_i^{M_s} - \lambda_i^{F_i}\right|}{\lambda_i^{M_s}} \delta_{\Delta N} \tag{4.5}$$

上式表明，不同波长对双差模糊度固定的影响不仅与参考卫星的单差模糊度的计算精度有关，同时也与不同波长之间的差值大小有关。相关研究表明，当不同波长对双差模糊度所产生的影响小于 0.1 周时，模糊度固定基本不受影响，才能实现智能安全工器具的高精度定位。因此，如果希望将式（4.3）中等号第三项忽略，那么应该满足式（4.6）的要求。

$$\delta_{\Delta N} < \frac{0.1\lambda_i^{M_s}}{\left|\lambda_i^{M_s} - \lambda_i^{F_i}\right|} \tag{4.6}$$

2. 基于粒子滤波的 IFB/ISB 估计的智能安全工器具定位检测基准技术

通过对式（4.6）的分析可知，其中坐标值、单差模糊度、相位和伪距的 IFB/ISB 这几个参数是未知的，因为方程是非线性的，首先需要对方程进行线性化，此时的误差方程可以表示为

$$v = \boldsymbol{A}x + \boldsymbol{D}b + \boldsymbol{C}y + l, \boldsymbol{P} \tag{4.7}$$

式中 v——观测值残差向量；$\boldsymbol{A}$——位置参数的系数阵；x——未知参数向量；$\boldsymbol{D}$——由单差模糊度投影为双差模糊度的系数阵；b——单差模糊度参数；$\boldsymbol{C}$—— IFB/ISB 参数的系数阵；y—— IFB/ISB 参数；l——观测值向量；$\boldsymbol{P}$——观测值的权阵。

为了对坐标值、单差模糊度、相位和伪距的 IFB/ 这几个参数的最小二乘解进行计算，法方程可以表示为下式

$$\begin{bmatrix} \boldsymbol{A}^T\boldsymbol{PA} & \boldsymbol{A}^T\boldsymbol{PD} & \boldsymbol{A}^T\boldsymbol{PC} \\ & \boldsymbol{D}^T\boldsymbol{PD} & \boldsymbol{D}^T\boldsymbol{PC} \\ sym & & \boldsymbol{C}^T\boldsymbol{PC} \end{bmatrix} \begin{bmatrix} x \\ b \\ y \end{bmatrix} = \begin{bmatrix} \boldsymbol{A}^T\boldsymbol{P}l \\ \boldsymbol{D}^T\boldsymbol{P}l \\ \boldsymbol{C}^T\boldsymbol{P}l \end{bmatrix} \tag{4.8}$$

对式（4.8）进行化简为

$$\begin{bmatrix} \boldsymbol{N}_{xx} & \boldsymbol{N}_{xb} & \boldsymbol{N}_{xy} \\ & \boldsymbol{N}_{bb} & \boldsymbol{N}_{xy} \\ sym & & \boldsymbol{N}_{yy} \end{bmatrix} \begin{bmatrix} x \\ b \\ y \end{bmatrix} = \begin{bmatrix} \boldsymbol{W}_x \\ \boldsymbol{W}_b \\ \boldsymbol{W}_y \end{bmatrix} \tag{4.9}$$

在式（4.9）中，由于相位 IFB/ISB 参数与单差模糊度参数线性相关，这将导致法方程秩亏，因此不能直接对其解算。为了实现对（4.9）快速求解以实现定位的收敛，这里采用粒子滤波对 IFB/ISB 参数快速校正，利用粒子滤波对相位偏差参数进行估计的主体流程可以描述为：

（1）在第一历元时，先生成一个初始粒子集合，这些粒子应该均匀分布在 [−0.1,0.1]m 或 [−0.5,0.5] 周之间，每个粒子的权值均为 $1/n$，其中 n 为粒子的个数；

（2）将集合内每一个粒子的值都作为校正参数代入到式（4.9）中，每个粒子都可以构建一个法方程，然后分别对每一个法方程进行解算，从而得到位置参数和单差模糊度参数的浮点解。

$$\begin{bmatrix}\hat{x}\\ \hat{b}\end{bmatrix}=\begin{bmatrix}\boldsymbol{N}_{xx} & \boldsymbol{N}_{xb}\\ \boldsymbol{N}_{bx} & \boldsymbol{N}_{bb}\end{bmatrix}^{-1}\begin{bmatrix}\boldsymbol{W}_x-\boldsymbol{N}_{xy}y\\ \boldsymbol{W}_b-\boldsymbol{N}_{by}y\end{bmatrix}=\begin{bmatrix}\boldsymbol{Q}_{xx} & \boldsymbol{Q}_{xb}\\ \boldsymbol{Q}_{bx} & \boldsymbol{Q}_{bb}\end{bmatrix}\begin{bmatrix}\boldsymbol{W}_x-\boldsymbol{N}_{xy}y\\ \boldsymbol{W}_b-\boldsymbol{N}_{by}y\end{bmatrix} \tag{4.10}$$

式中 $\boldsymbol{Q}_{xx}$——位置参数的协因数阵；

$\boldsymbol{Q}_{bb}$——单差模糊度参数协因数阵；

$\boldsymbol{Q}_{xb}$ 和 $\boldsymbol{Q}_{bx}$——位置参数和单差模糊度参数之间的协因数阵。

3. 投影过程

在估计得到单差模糊度浮点解之后，采取投影的方式将单差模糊度投影为以周为单位的双差模糊度，投影过程可表示为

$$\begin{gathered}\boldsymbol{D}\hat{b}=\overline{\boldsymbol{b}}\\ \boldsymbol{D}Q_{bb}D^T=\boldsymbol{Q}_{\overline{bb}}\end{gathered} \tag{4.11}$$

式中 $\overline{\boldsymbol{b}}$ 和 $\boldsymbol{Q}_{\overline{bb}}$——投影后的双差模糊度和对应的协因数阵；

$\boldsymbol{D}$——投影矩阵。

$$RATIO=\frac{\delta'^2}{\delta^2}=\frac{\overline{b}-b'^2Q_{\overline{bb}}}{//\overline{b}-b//^2Q_{\overline{bb}}} \tag{4.12}$$

式中 $\boldsymbol{b}$ 和 $\boldsymbol{b}'$——最优模糊度向量和次优模糊度向量；

$\boldsymbol{\delta}^2$ 和 $\boldsymbol{\delta}'^2$——最优模度和次优模糊度向量的方差。

4. 判断是否出现半周问题

如果估计的相位偏差参数为相位 ISB 参数，需要判断是否出现半周问题

（Half-cycleProblem），如果出现，采用集群分析方法进行处理。

5. 更新每一个粒子的权值

将 RATIO 值作为粒子滤波的概率密度函数，对每一个粒子的权值进行更新

$$w_k = w_{k-1} p_k \tag{4.13}$$

式中 w——粒子的权值；

p——概率密度函数值；

k——历元编号。

6. 标准差

根据每一个粒子的值以及其所对应的权值计算状态向量（相位偏差）的估值及其标准差

$$\begin{aligned} \hat{y}_k &\approx \sum_{i=1}^{n} w_k^i y_k^i \\ \delta_k^2 &\approx \sum_{i=1}^{n} (y_k^i - \hat{y}_k)(y_k^i - \hat{y}_k)^T w_k^i \end{aligned} \tag{4.14}$$

式中 y_k——粒子的值；

$\hat{y}_k$——相位偏差在历元 k 的估值；

δ_k——状态向量的标准差。

7. 判断

如果状态向量标准差小于某一阈值，那么便可将当前相位偏差估值作为最终估值；否则对粒子进行重采样，并将重采样后的粒子传递到下一历元。

重复执行步骤 1.～步骤 7.，直到计算的相位偏差标准差小于某一阈值为止。在上述数据处理过程中，如果单历元模糊度固定有困难时，还需要考虑多历元批处理和固定方法。在对相位偏差参数进行估计后，可以将其作为校正参数，然后采用 LAMBDA 方法进行双差模糊度固定，如果能够通过模糊度验证，可以利用 b 将其他非模糊度参数的浮点解转换为固定解，转换过程可表达为

$$\begin{aligned} \breve{x} &= \hat{x} - Q_{\hat{x}\bar{b}} Q_{\bar{b}\bar{b}} (\bar{b} - \breve{b}) \\ D_{\breve{x}\breve{x}} &= \delta_0^2 (Q_{\hat{x}\hat{x}} - Q_{\hat{x}\bar{b}} Q_{\bar{b}\bar{b}}^{\ -1} Q_{\bar{b}\hat{x}}) \end{aligned} \tag{4.15}$$

式中 $\breve{x}$ 和 $\hat{x}$——非模糊度参数的浮点解和固定解；

$D_{\breve{x}\breve{x}}$——x 的方差协方差阵；

δ_0^2——单位权方差；

$Q_{\hat{x}\hat{x}}$——$\hat{x}$ 的协因数阵；

$Q_{\bar{b}\bar{b}}$——$\bar{b}$ 的协因数阵；

$Q_{\hat{x}\bar{b}}$ 和 $Q_{\bar{b}\hat{x}}$——$\hat{x}$ 和 $\bar{b}$ 之间的协因数阵。$\breve{x}$ 的精度较高，通常可达到亚分米级的精度水平。如果能够将观测模型中的误差进行较好的消除和削弱，模糊度固定仅需要几个历元，甚至是单历元。

采用粒子群优化算法对能够满足系统间双差模糊度固定要求的相对最优值进行搜索，这样可以提高搜索效率，但会导致定位结果的精度有一定程度的降低。

（1）智能安全工器具定位检测基准硬件电路设计。

E108-GN01 是一款高性能、高集成度、低功耗、低成本的多模卫星定位导航电子标签，体积小、功耗低，提供了和其他模块厂商兼容的软、硬件接口，大幅减少了用户的开发周期支持 BDS/GPS/GLONASS/GALILEO /QZSS/SBAS。

本实验的主要目的是对基于粒子滤波优化的多 GNSS 紧组合定位算法进行定位精度评估。定位电子标签采用 E108-GN01，其参数如表 4.2 所示。

表 4.2 E108-GN01 定位电子标签的参数

串口规格	标准 RS-485 接口
通信协议	Modbus RTU
支持的定位系统	BDS/GPS/GLONASS/GALILEO/QZSS/SBAS
天线接口	SMA（外螺纹内孔）
尺寸大小	96.5×31.4mm
产品质量	102±0.1g
产品简介	E108-D01 是一款支持多种定位制式的定位终端（GPS、北斗、GLONASS、伽利略等），响应快速、定位精准

E108-GN01 采用了射频基带一体化设计，集成了 DC/DC、LDO、射频前端、低功耗应用处理器、RAM、Flash 存储、RTC 和电源管理等，支持晶振或外部引脚时钟输入，可通过纽扣电池或法拉电容给 RTC、备份 RAM 供电，以

减少首次定位时间。该电子标签还支持多种方式与其他外设相连，如 UART、GPIO，I2C 和 SPI 需定制。

基于 E108-GN01 设计 GNSS 定位终端，使用直流稳电源对该模块进行供电，模块可靠接地，设计的电路原理图见附录 1，PCB 设计版图、3D 模型预览图、定位模块实物图如图 4.3 ～图 4.5 所示。

图 4.3　多模式 GNSS 定位模块实物图

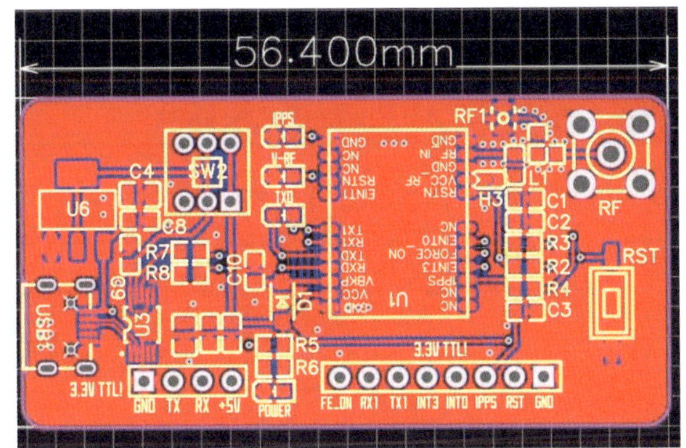

图 4.4　多模式 GPS 定位模块 PCB 设计板图

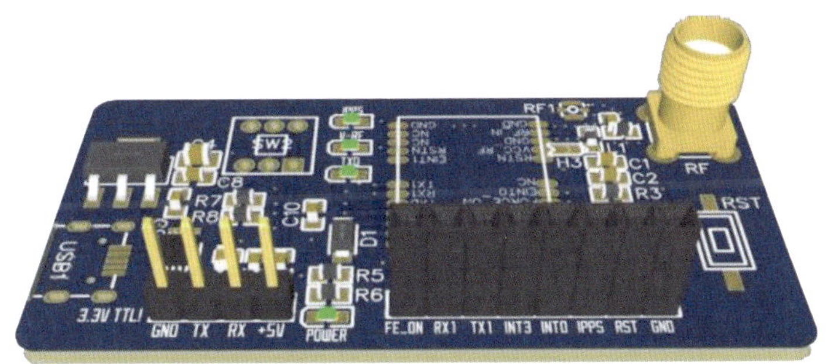

图 4.5　多模式 GNSS 定位模块 3D 模型预览图

天线的性能对模块性能有较大影响，选用 TXGB-AZ-300 作为的北斗定位天线。天线尺寸约 50mm×38mm×16.7mm，SMA-J 接口（SMA 内螺纹内针）。其参数如表 4.3 所示。

表 4.3　　TXGB-AZ-300 天线特性

项目	数据
频率范围	1575.042±1.023MHz
	1561.098±2.046MHz
天线带宽	GPS-L1 >10MHz
	BD-B1 >10MHz
电压驻波比	1.5
极化方向	右旋圆极化
输入阻抗	50Ω
功率容量	20W
增益	28±2dB
噪声系数	<1.5dB
带内增益平坦度	±1.0dB
带外抑制	FO±100MHz:35dBc min
直流电压	3 ～ 5V
直流电流	15mA（DC3.3V）
输出驻波	2.0 MAX
产品尺寸	50mm×38mm×16.7mm
整体质量	61g
天线罩颜色	黑色
馈线材质	RG174
接口方式	SMA-J（SMA 内螺纹内针）
工作温度	-40 ～ +85℃
储存温度	-40 ～ +85℃

（2）动态实测智能安全工器具定位检测基准技术。

为了评价基于粒子滤波优化的 RTK+ 多 GNSS 紧组合智能工器具定位基准方法的实用性和可靠性，主要通过静态短基线实验和动态车载实测数据对定位检测基准的实用性进行可靠性测试。

定位硬件安装在智能安全帽上，包括感应天线、定位模块、电磁等。在空旷室外进行定位精度测试，采用 4G 网络对定位信息进行实时传输，如图 4.6 所示，以便对系统的性能进行实地验证。采集一条 500m 长的基线，数据采样率为 1s，观测时长为 1h，卫星截止高度角设置为 15°。基准站接收机位于五楼楼顶，流动站接收机位于操场，得到定位误差图如图 4.7 所示。

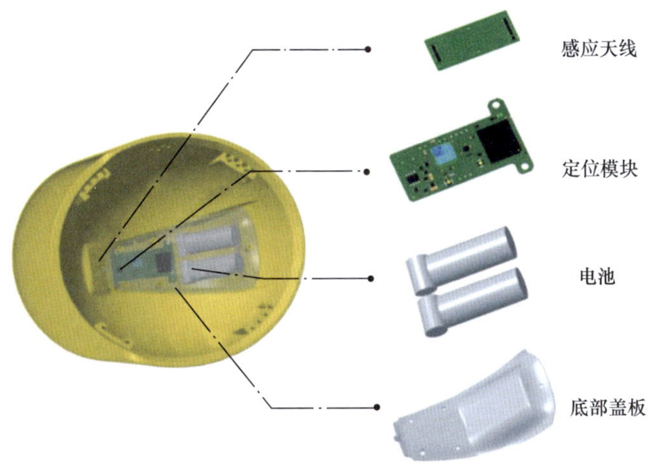

图 4.6　定位安全帽

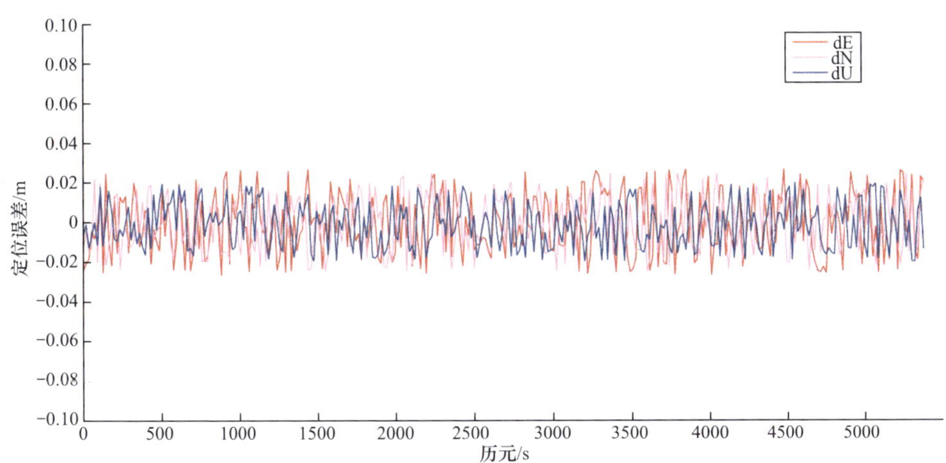

图 4.7　基于粒子滤波优化的多 GNSS 紧组合定位坐标差序列图

采集半径为 4.8m 的圆作为基线，真实路径为 5m 的圆，分别测试多 GNSS 紧组合定位与基于粒子滤波优化的多 GNSS 紧组合定位的二维平面误差，得到的位置定位曲线与误差曲线分别如图 4.8（a）、图 4.8（b）所示。从图中可以看出，基于粒子滤波优化的多 GNSS 紧组合定位算法的定位精度有所提升，其定位误差小于 5cm。

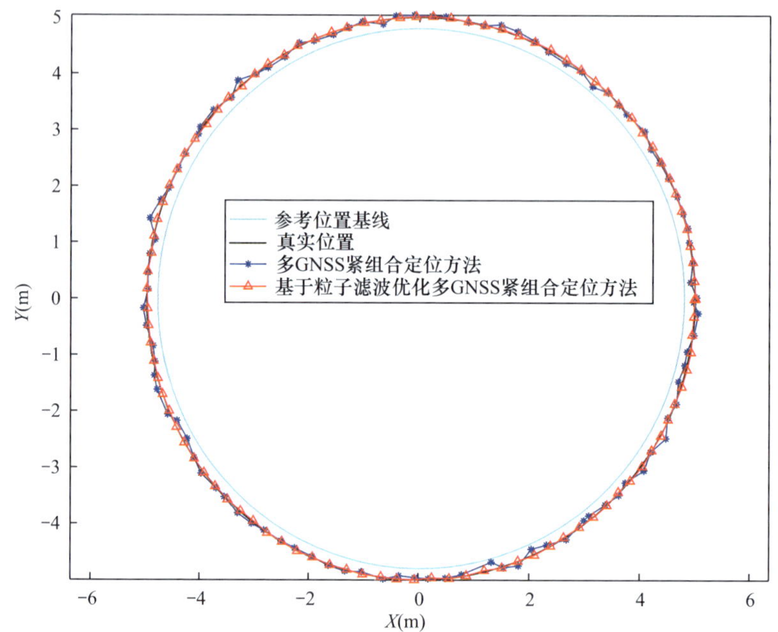

（a）多GNSS紧组合定位与基于粒子滤波优化的多GNSS紧组合定位测试

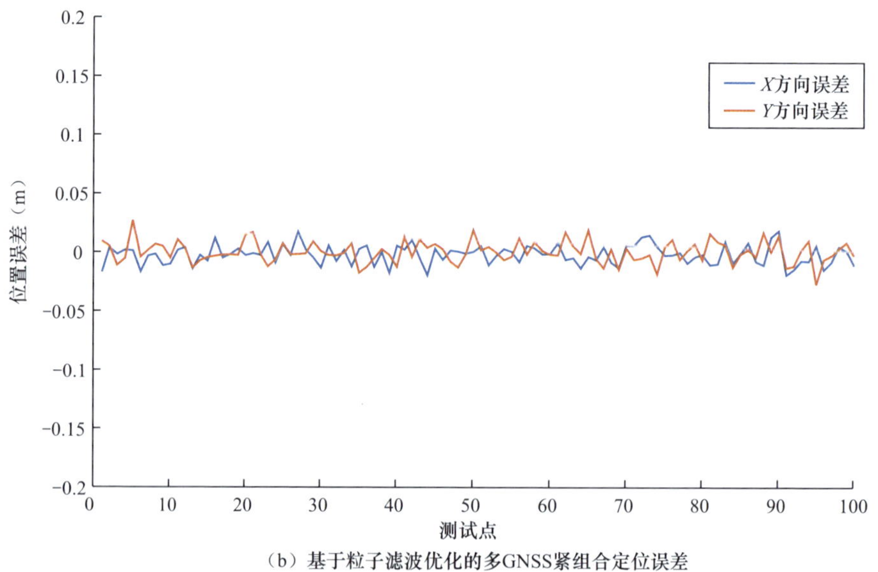

（b）基于粒子滤波优化的多GNSS紧组合定位误差

图 4.8　二维平面定位测试

为了进一步验证本书所述方法的可靠性，使用两台接收机进行车载动态测试。基准站架设在空旷的操场，另一台接收机安置在实验车上。为了能够对GNSS动态定位精度进行评价，在车载固定平台上同时安装高精度GNSS/INS组合定位系统，将其组合定位结果作为参考值，粒子滤波优化的多GNSS紧组合定位对的卫星截止高度角设置为15°，采样间隔为1s，GNSS/INS组合定位系统中的IMU模块的采样率设为200Hz，GNSS/INS组合定位系统的性能指标如表4.4所示。从表4.4中可以看出，在动态环境下，加上INS辅助，定位误差小于5cm，无遮挡环境平均收敛时间为12s，挡环境平均收敛时间为31s。

表4.4 GNSS/INS组合定位系统性能指标

技术参数	水平位置平均精度（m）	高度位置平均精度（m）	无遮挡环境平均收敛时间（s）	遮挡环境平均收敛时间（s）
指标	<0.05	<0.05	12	31

4.1.3 结论

为了减弱频率偏差与系统之间的偏差，采用粒子滤波多GNSS紧组合定位进行优化，并在复杂环境下进行了对比测试，证明基于粒子滤波优化的多GNSS紧组合定位精度更高，定位误差小于5cm；在运动场景中，结合INS辅助，定位精度也能达到5cm，平均收敛时间为12s。

4.2 智能安全工器具通信能耗检测研究

为了精准实现工具能耗的精确检测，同时考虑工器具的使用场景，本书采用接触方式进行智能工具器通信能耗检测。

4.2.1 电子标签通信能耗接触式检测

采用接触式的电流测量主要有两种测量方案。

（1）通过示波器获取串联通信电路中采样电阻上的电压，并计算出电路实际消耗电流。该采样电阻串联在电池与通信模块之间，设备工作时会在该电阻上产生一定的压降，最后根据欧姆定律即可计算出对应工作电流的大小。该方案主要利用示波器的高响应特性来测量响应速度较快的硬件组件在不同工作模式下的电流，如无线模块与传感器的瞬时工作电流。该方案适用于大电流、响应速度快的场合，但是分辨率较低，不适合微安级别的电流测量。

（2）电流表测量设备待机时消耗的电流。该方案用来测量设备在休眠模式的工作电流，精度较高，但实时性比较差，很难对无线模块和传感器的实际工作电流实现精确测量。电流表测量方案可以与示波器测量方案互补。

智能安全工器具的功率存在波动，为了实现对智能安全工器电流的精确测量与能耗准确评估，本书将上述两种方案结合，设计智能安全工器具功耗测试模块，构建如图4.9所示的能耗测试方案。在智能安全工器具功耗测试模块中，示波器的电压测量功能采用电压测量电路实现。

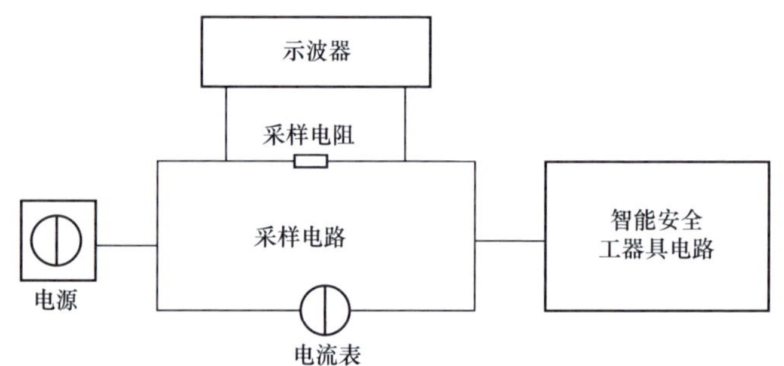

图4.9　智能安全工器具功耗测量原理

智能安全工器具的能耗测试方案因为串联的采样电阻，若采用方案（1）对低功耗物联网设备电路板进行功耗测量，会使电源到电路板之间产生一定的压降，这会导致两个方面的问题：一方面在采样电阻上产生的压降与采样电阻阻值的大小会直接影响到瞬时电流测量的精度；另一方面也因为该采样电阻上的压降，影响到设备正常工作所需的电压。这两方面的关系可以由式（4.16）表示

$$U_{电路板}=U_{电源}-U_{压降}=U_{电池}-IR \tag{4.16}$$

式中　$U_{电路板}$——低功耗物联网设备硬件电路系统上的供电电压；

$U_{电源}$——电路板供电的电源电压；

$U_{压降}$——采样电阻上产生的电压压降；

I——系统工作电流；

R——采样电阻的阻值。

由式（4.16）可知，为了保证硬件系统稳定正常的工作，必须保证 U 电路板的电压大于该设备硬件系统电路板上每个组件的最低工作电压。即采样电阻带来的压降对硬件系统电压影响要非常小，那么该采样电阻必须满足式（4.17）

$$\begin{cases} U_{电源} \geqslant 10(IR) \\ U_{电路板} > U_{\max 组件最低工作电压} \end{cases} \tag{4.17}$$

式中　$U_{\max 组件最低工作电压}$——硬件系统上所有组件最低工作电压中的最大值。

硬件组件的电流消耗图如图 4.10 所示，硬件组件的工作状态切换图如图 4.11 所示。

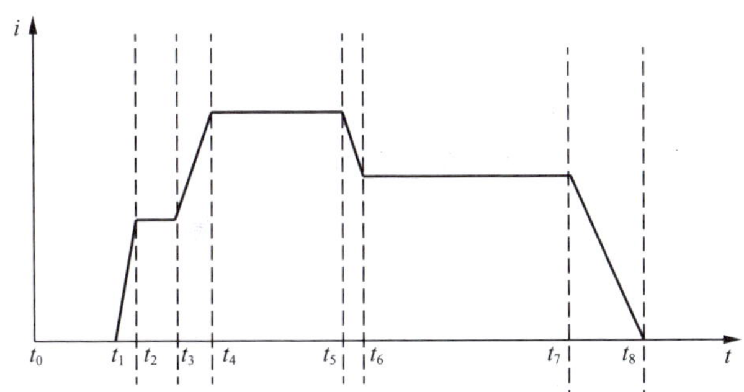

图 4.10　硬件组件的电流消耗图

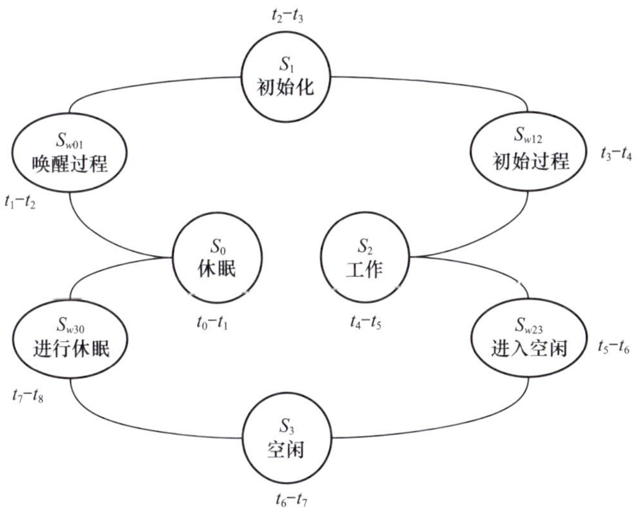

图 4.11　硬件组件的工作状态切换图

如果满足式（4.17），系统就可以认为串联的采样电阻对系统测量方案的影响是可以忽略的。在此处的测量系统中采用了电压为5V的电池作为系统的供电电源，智能安全工器具的能耗硬件电路是由定位电路与无线传输模块等组成。查阅芯片的数据手册可知，硬件电路最低可工作电压为2.1V，电路板最大瞬时电流约为70mA。根据式（4.17），选用7Ω的电阻串联在电路板与电池之间，保证了该硬件系统的正常工作，功耗测试模块采用电压测试电路实现示波器电压测试的功能，并通过液晶显示屏实时显示工作电压、电流，并计算实时功率与累计功耗，其中电压的测量最小分辨率为0.01V，电流的最小分辨率为1mA，功率最小分辨率为0.01W，能耗最小分辨率为0.5Wh，功测试实物图如图4.12所示。

图 4.12　智能工具器通信能耗检测电路图

为了便于对智能安全工器具的能耗硬件电路功耗的计算，记录不同时间段的电流 i。t_0–t_1 是休眠状态，t_1–t_2 是唤醒过程，t_2–t_3 是初始化过程，t_3–t_4 是初始化，t_4–t_5 是信号发生过程，t_5–t_6 是进入空闲过程，t_6–t_7 是空闲过程，t_7–t_8 是进入休眠。在 $t-t_{i+1}$ 之间功耗，可以通过以下公式求得功耗 F 与能耗 E

$$F=\int_{t_i}^{t_{i+1}} i(\tau)\mathrm{d}\tau \tag{4.18}$$

$$E=\int_{t_i}^{t_{i+1}} i(\tau)U_{电路板}\mathrm{d}\tau \tag{4.19}$$

通过示波器测量7Ω电阻器上的电压，从而计算出电流 $i(t)$，智能安全工器具硬件电路的工作电压 $U_{电路板}\approx 3.3\text{V}$，进而可以分析出定位电路模块的功

耗 F 与能耗 E，测试数据如表 4.5 所示。智能工具器通信能耗检测电路图如图 4.12 表示。

表 4.5　　传感器模块在不同工作状态下的功耗测试状况

状态	持续时间（ms）	电流（mA）	功率 P（W）	能耗 E（W·ms）	功耗 F（mA·ms）
t_0–t_1	12	8	0.02	0.32	96
t_1–t_2	3	8 ～ 14	0.04	0.12	36
t_2–t_3	5	14	0.05	0.23	70
t_3–t_4	5	14 ～ 31	0.07	0.37	113
t_4–t_5	11	31	0.10	1.13	341
t_5–t_6	2	31 ～ 22	0.09	0.17	53
t_6–t_7	15	22	0.07	1.09	330
t_7–t_8	8	22 ～ 8	0.05	0.40	120

4.2.2　降低定位能耗的方法

智能安全工器具对能耗要求最高的是定位及数据收发。从上文分析可知，智能安全帽与智能接地线主要采用 GNSS 定位技术，但智能安全帽与智能接地线应用的场景不同，其能耗控制策略也应该不相同。例如，智能安全帽的定位电路尺寸较小，仅需配备小型天线和电池，采用 1Hz 甚至更高的更新速率，以实现实时定位跟踪安全帽的位置，消耗能量较大。智能接地线的定位器的更新速率和定位精度的要求较为宽松，更新速度慢，使用小型电池需运行数月，消耗能量较小。

本书针对安全工器具的使用特性，分别从硬件、固件两个方面提出实现降低安全工器具定位电路的能耗的策略。安全工器具定位电路的能耗由多种因素决定，其中影响能耗的主要因素如下：

（1）跟踪 GNSS 星座与频段的数量决定工器具定位电路的能耗。跟踪 GNSS 星座与频段较多时，安全工器具定位电路需要额外的射频路径来捕获信号，从而增加能耗。

（2）有源天线的能耗大于无源天线。有源天线增加了接收增益与灵敏度，但以增加能耗为代价，在低功耗实现高精度高定位的工器具，可以使用大型无源天线。

（3）定位更新速率越高，能耗越大。对于不需要持续跟踪的工器具，定位终端采用省电模式（PSM），通过限制终端位置跟踪功能，以大幅降低能耗。

1. 基于硬件电路的安全工器具定位能耗优化方法

安全工器具定位硬件电路不仅会影响能耗，而且还会影响工器具定位的性能、尺寸和成本。因此，针对安全工器具的应用场景，权衡能耗、定位精度、成本的利弊，设计出能够提供所需定位精度的最低能耗设备。通过硬件电路降低安全工器具定位设备的能耗可以采用以下途径：

（1）采用开关模式电源（SMPS）代替低成本的低压降稳压器（LDO），以降低电路热量损耗。

（2）对于更新周期较短的智能安全帽，采用备用电池可以更快地从电源中断中恢复，从而节省电力。对于智能接地线，其更新周期较长，备用电池就变得多余，可以去掉备用电池。

（3）采用具有可关闭的 LNA 控制器的有源天线，在未使用定位信号时关闭天线，以降低能耗；对智能接地线定位精度要求不特别高时，可采用无源天线，实现低能耗定位。

（4）可将安全工器具的数据存储在监控服务器的存储器中，代替安全工器具定位电路的数据存储，以降低安全工器具能耗。

2. 基于固件策略的安全工器具能耗优化方法

除了基于硬件的能耗优化策略外，还可以通过固件策略实现能耗的优化。具体优化方法如下：

（1）通过降低更新速率降低安全工器具定位电路能耗。对于智能接地线，可 2h 更新一次，更新间隔期内进入省电模式（PSM），可以显著降低能耗。

（2）通过减少首次获取位置的能耗以降低能耗。智能安全帽首次获取位置的能耗较大，在获取其位置后及时切换到跟踪模式以降低能耗，并保持跟踪模式，以降低定位能耗。

（3）合理使用省电模式以降低能耗。省电模式的功耗约为标准全功率模式的三分之一，足够强的卫星信号时，在保证定位精度的影响极小的情况下，智能安全帽尽可能激活省电模式。

（4）通过休眠模式降低功耗。由于智能接地线对定位的实时性要求不高，采用控制策略进入休眠阶段，由于休眠时间较长，定位电路仅消耗极少电能，以降低能耗。

（5）采用云端定位技术降低安全工器具定位终端电路的能耗。定位终端电路仅执行定位信号的接收处理，定位估算交给安全工器具云服务器处理，可以实现安全工器具定位终端电路的能耗大幅度降低。

综上分析，根据智能安全帽与智能接地线的应用场景，智能安全帽与智能接地线在硬件与固件两方面降低安全工器具定位能耗，具体策略如表4.6所示。

表 4.6　　降低安全工具器定位电路功耗的途径

方法 \ 工器具类别	基于硬件电路的功耗优化方法				基于固件的功耗优化方法				
	开关模式电源（SMPS）	备用电池	天线类别	闪存	更新速率	跟踪模式	省电模式	休眠模式	云端定位
智能安全帽	采用	采用	采用可关闭的LNA 控制的有源天线	不采用	大于 2Hz	采用	采用	不采用	采用
智能接地线	采用	不采用	采用无源天线	不采用	更新时间大于 2h	不采用	不采用	采用	采用

4.2.3　结论

为了实现对智能安全工器具的传感电子标签进行能耗测量，本节设计了接触式功耗检测。对接触式功耗测量，采用示波器对不同工作状态下的功耗测试状况进行了测量，实现智能安全工器具通信能耗检测精度达到 0.5W·S。

4.3　智能安全工器具近电感应报警检测方法研究

在电力现场作业中，近电感应报警可以对作业人员的作业安全距离进行监测，提醒作业人员严格遵守安全距离，避免安全事故的发生。电力安全工器具近电感应报警检测是防止发生人员误碰带电线路，误入带电间隔，防止人员触电的重要手段。

当前，近电感应报警检测采用人员手持待检设备靠近高压设备，通过人工观察待检设备是否报警来判断安全工器具报警功能是否正常。这种检测方法受人为因素影响较大，合格、不合格判断标准模糊。目前，缺乏标准、量化的智能安全工器具近电感应报警检测方法。

由于近电感应的智能安全工器具在10kV配电线路生产检修中应用最为广泛。因此，本书以10kV线路近电感应报警检测方法为研究对象，首先模拟10kV配电线路的电场环境，通过仿真明确配电安规中规定的安全距离与近电场强度对应关系。其次，明确了在棒、板、针三种电极形状下的检测距离阈值，并绘制了近电感应报警检测地图。最后，设计了近电感应报警检测测试架，通过与10kV电场环境模拟系统配合，实现智能安全工器具近电感应报警标准化、定量化检测，整个研究思路如图4.13所示。

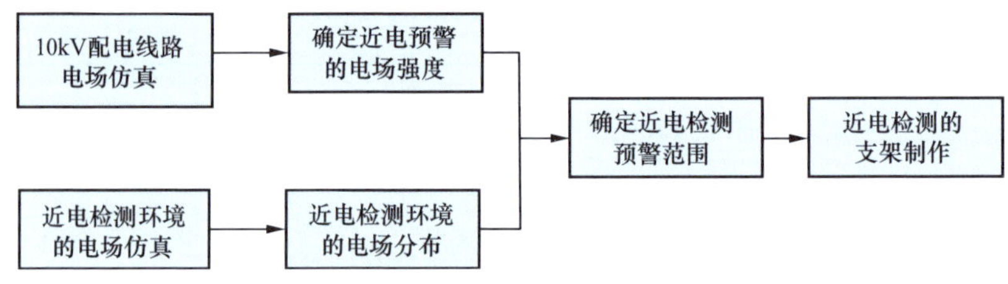

图4.13　近电感应报警检测分析与装置的制作研究思路

4.3.1　10kV配电线路安全距离与电场对应关系

按照《国家电网有限公司电力安全工作规程　第8部分：配电安规》（Q/GDW 10799.8—2023）规定的10kV不停电设备安全距离，对10kV带电线路的电场分布进行仿真分析，确定近电感应报警检测预警的电场范围。

为了掌握10kV配电线路电场，仿真中根据实际情况对配电线模型进行简化：

（1）配电线下电场环境视为准静态电场；

（2）将配电线端部效应和弧垂忽略，不考虑周边杆塔、设备金属外壳、建筑与树木对电场的畸变影响。

建立10kV三相配电线水平排列模型，二维矩形分析场域尺寸为24m×6m，导线半径6.17mm，距地高度5.5m，两相线间距离1m。10kV配电线路仿真模型如图4.14所示。

求解三相配电线下的电场可以概括为两步：根据已知导线电位计算等效线电荷密度，之后根据电荷密度和高斯定理计算电场强度。

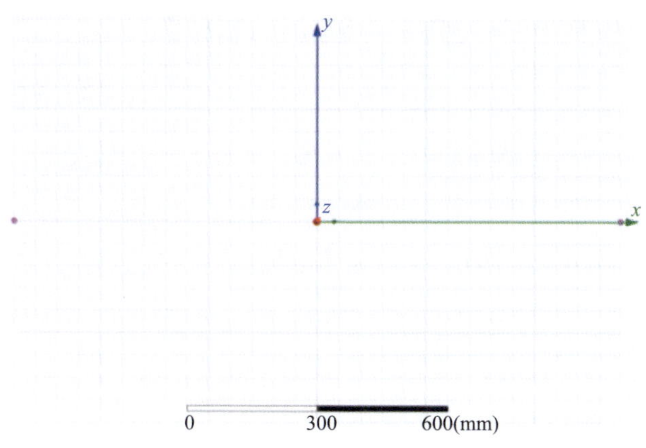

图 4.14　10kV 配电线路仿真模型

10kV 三相输电线水平排列模型仿真结果可知，图 4.15（a）为 0° 相位的电场分布图。由图可见，高电场强度同样是分布在导线附近，场强与距离呈负相关关系。并且三相导线产生的电场会相互影响，使空间中某些区域产生频率为 50Hz 的周期性增强点或削弱点。对中间位置的配电线下方的电场强度进行分析，得到的场强分布曲线如图 4.15（b）所示。从图可以看出，随距离增加，电场强度衰减速度先快后慢，二者近似呈负二次幂函数关系，符合理论预期。在安全距离 0.7m 处，电场强度衰减至 960V/m。表 4.7 给出了离架空线不同距离的电场强度。这里将 0.7 ～ 1.3m 区域的电场作为近电测试的电压，即 720 ～ 960kV。

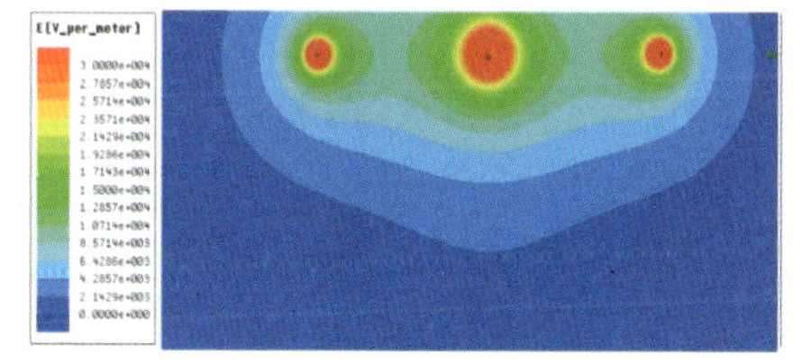

（a）电场强度分布情况

（b）电场强度随距离变化曲线

图 4.15　10kV 三相架空线周围电场强度

表 4.7　10kV 三相配电线路典型区域的电场强度

距离（m）	0.7	0.8	0.9	1	1.1	1.2	1.3
电场（V/m）	960	897	841	793	745	731	720

4.3.2 近电检测场景电场分析与检测区域

对电力智能安全工器具的近电特性进行检测，以确定电力智能安全工器具处于预警区域或禁止区域时能及时的预警。实验室采用棒型、板型、针型三种电极对智能安全工器具近电感应报警检测。

通过上节的分析已明确近电预警的电场范围，接下来对电压为10kV的棒型、板型、针型三种电极的电场进行仿真分析，以明确不同电极形状下的近电感应报警检测的位置范围。

（1）不同电极形状的三维电场仿真。

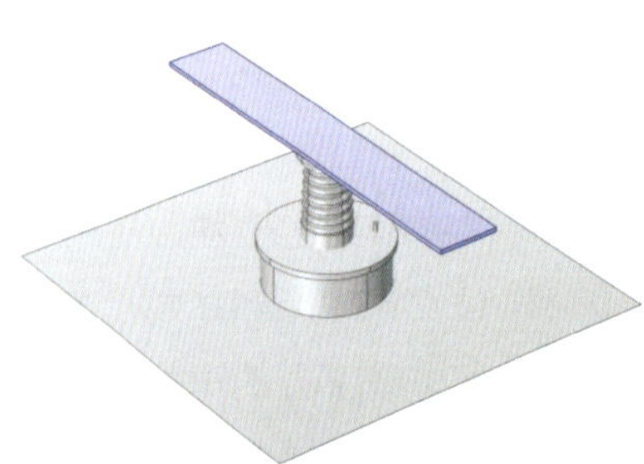

图 4.16 板型近电感应报警检测三维模型

实验室采用升压装置对电压进行升压，再将升压后的工频电压送入到近电感应报警检测装置上，近电感应报警检测装置通常采用板型、棒型、针型形态。这里分别采用COMSOL对三种进行三维建模，并进行电场有限元仿真，建立的三维模型如图4.16～图4.18所示。在图中，变压器放在绝缘垫上，蓝色区域分别为板型、棒型、针型高压金属端，其中板型、棒型高压端平放在变压器顶端，针型金属端竖放变压器顶端。

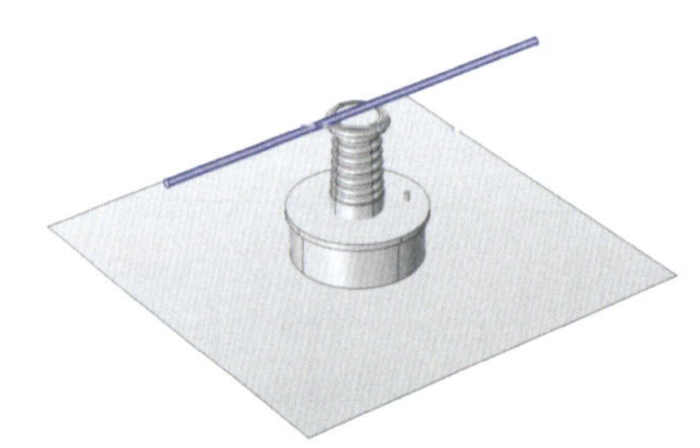

图 4.17 棒型近电感应报警检测三维模型

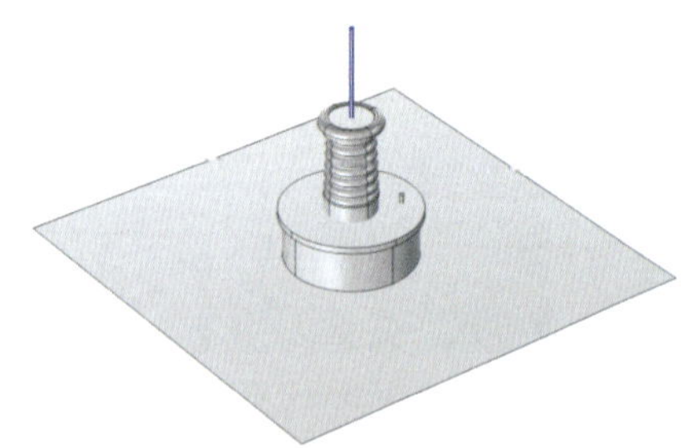

图 4.18 针型近电感应报警检测三维模型

进行电场仿真的目的主要找到近电感应的报警起始区域，以便于智能安全工器具近电感应报警检测的测试。这里参照10kV配电线路的电场，以1.3～0.7m区域的电场强度作为参考，以720～900V/m位置报警电场。

分别在棒型、板型、针型电极上加上110kV的电压，进行电场仿真，得到的电场分布图如图4.19～图4.21所示。这里以高压电极的中心做水平切面，对该平面的电场进行分析，从而确定近似检测的测试区域。棒型、板型、针型的水平切面离地高度分别为0.69、0.7、0.75m。

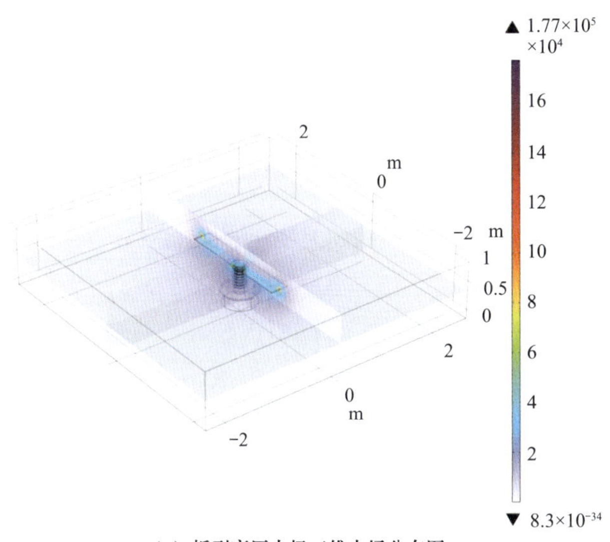

（a）板型高压电极三维电场分布图

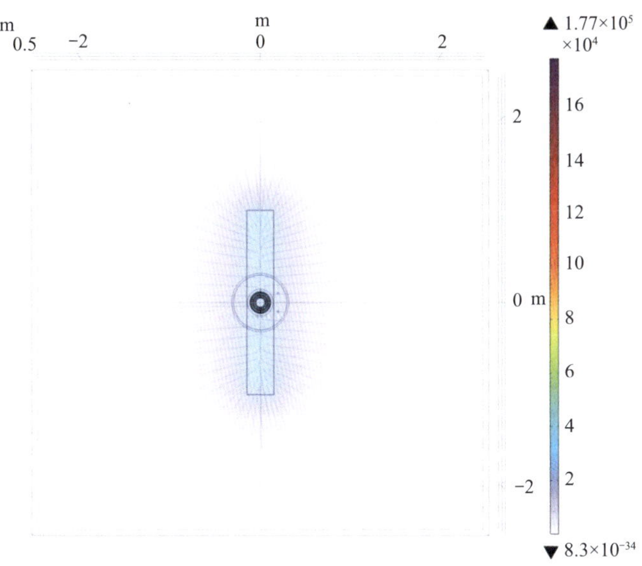

（b）板型高压电极水平切面电场分布图

图4.19　板型高压电极电场仿真图

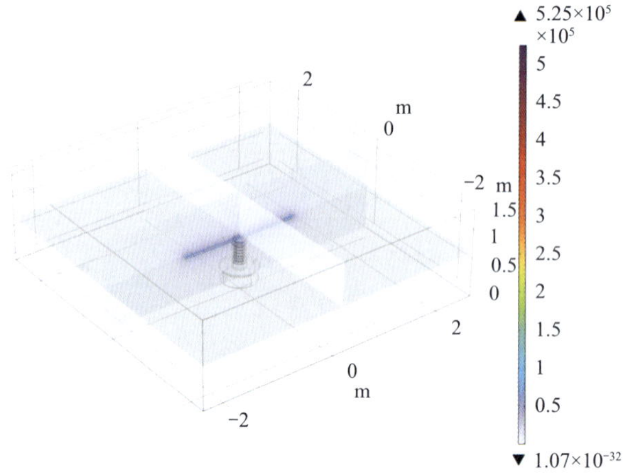

（a）棒型高压电极三维电场分布图

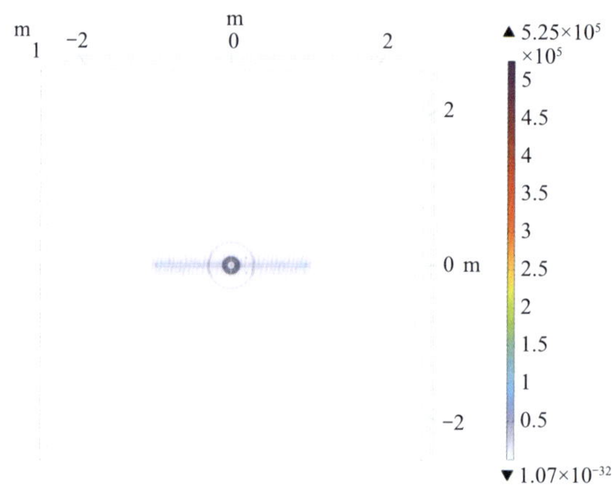

（b）棒型高压电极水平切面电场分布图

图 4.20　棒型高压电极电场仿真图

（2）近电感应报警检测测试位置范围。

以棒型、板型近电感应报警检测的高度做水平切面，切面离地高度分别为 0.69、0.7m（即棒型、板型垂直中心离地的高度），针型以 0.75m 高度做水平切面（即为针型金属中心位置离地的高度），分别记录 720、900V/m 的电场的在三种近电感应报警检测场景中的坐标，从而确定近电测试的区域，如图 4.22 ～图 4.24 所示。图中红色曲线与蓝色曲线之间作为近电测试的区间。

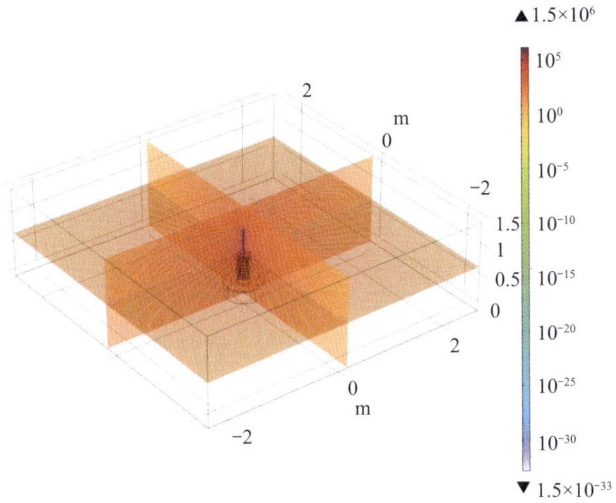

（a）针型高压电极三维电场分布图

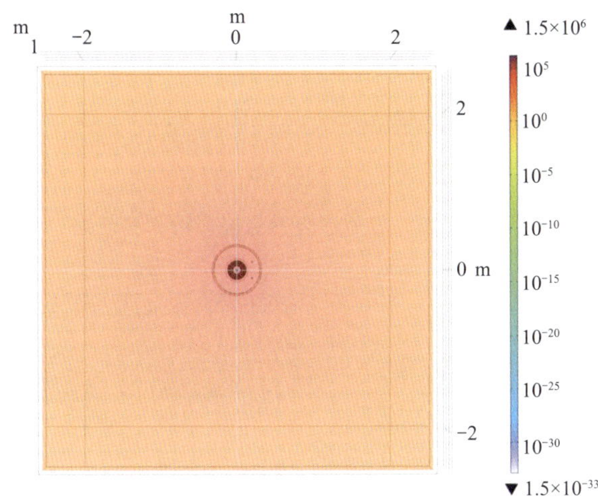

（b）针型高压电极水平切面电场分布图

图 4.21 针型高压电极电场仿真图

在近电感应报警检测中，检测位置范围为红色和蓝色两条线之间的区域。近电检测过程如下：

1）将待检测智能安全工器具放置到红线、蓝线两条线之间围成的区域。将变压器升压至 10kV，若智能安全工器具近电报警功能正常，此时应报警。

2）将待检测智能安全工器具放置到红线外区域。将变压器升压至 10kV，若智能安全工器具近电报警，说明智能安全工器过于灵敏，测试不通过。

在智能安全工器移动过程中，为确保测试人员的安全，变压器应断电。

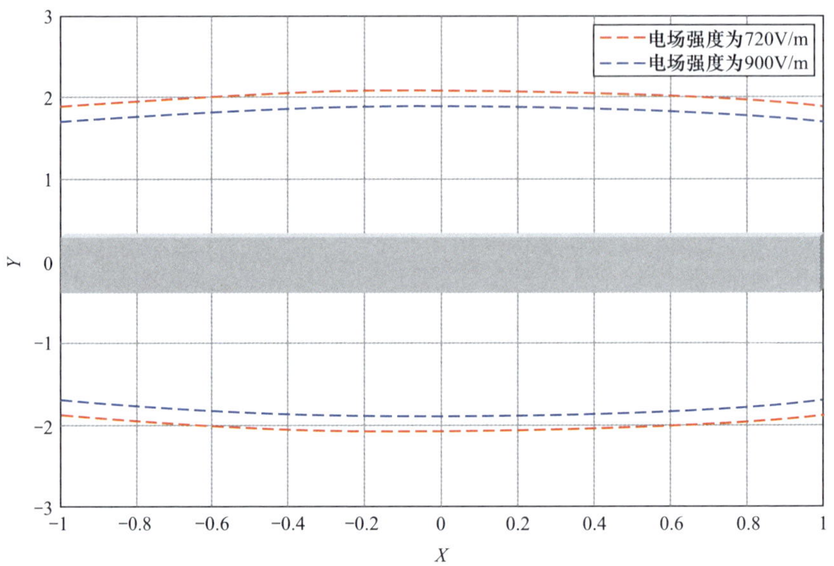

图 4.22　板型近电感应报警检测的范围

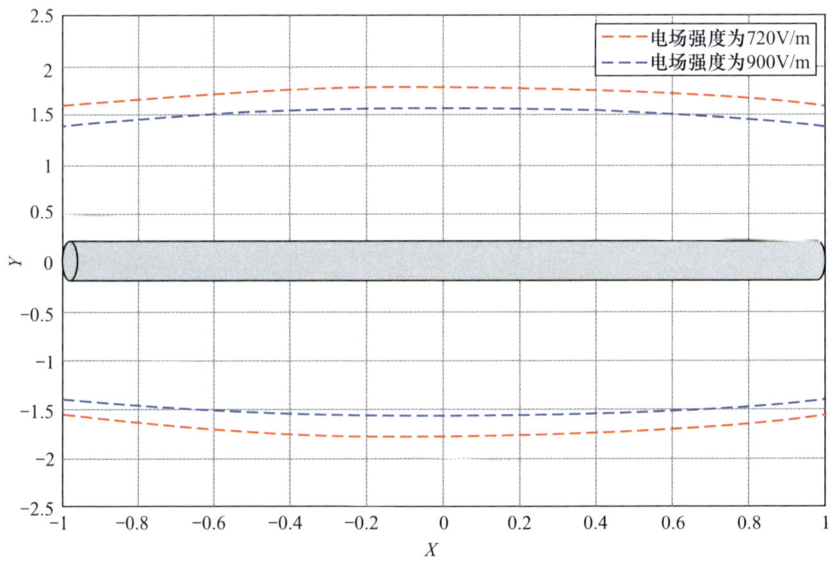

图 4.23　柱型近电感应报警检测的范围

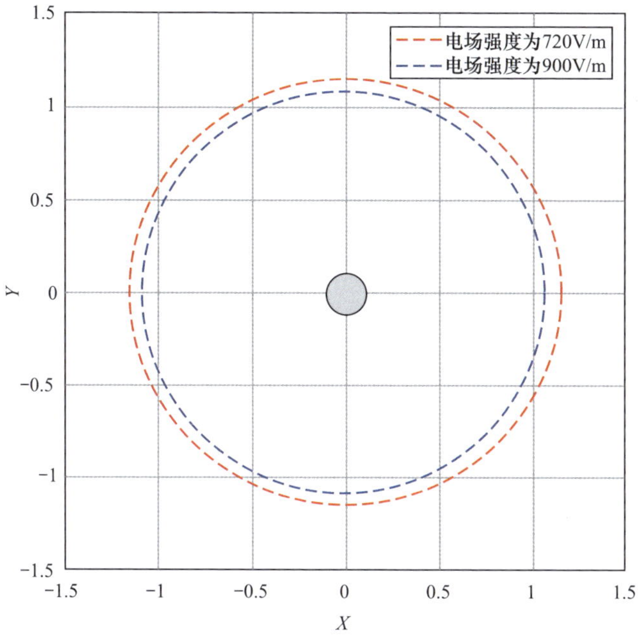

图 4.24　针型近电感应报警检测的范围

4.3.3　近电感应报警检测架设计

上节确定了棒型、板型、针型三种近电感应报警检测区域，为了方便智能安全工器具近电测试，设计了针对智能安全帽近电报警测试的检测支架。为了不影响原电场的分布，支架采用全绝缘材质制造，这里分别设计垂直支架与水平支架如图 4.25 所示。

在支架上端设置了挂钩，便于悬挂智能安全工器具。支架下端采用轮子，以控制支架所处的电场位置；在支架中端位置设置有紧固螺丝，以实现挂钩的高度调节。

4.3.4　结论

针对智能安全工器具近电感应报警检测标准化、量化检测方法的研究空白，本节明确了 10kV 配电线路安全距离与报警场强对应关系，建立了板型、棒型、针型形态的三类电极 10kV 三维电场仿真，明确了智能安全工器具近电感应报警检测的检测位置与检测方法。在确定了近电感应报警检测区域的基础上，设计了近电感应报警检测的垂直支架与水平支架，为智能安全工器具近电感应报警提供了标准化、定量化检测方法。

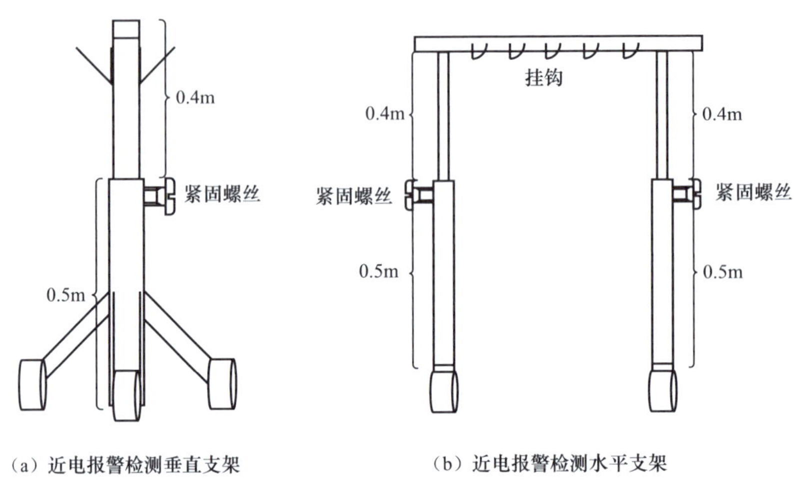

（a）近电报警检测垂直支架

（b）近电报警检测水平支架

图 4.25　近电测试支架

4.4　智能安全工器具音视频传输协议

为了加强现场作业安全监督，各地市供电公司设立了远程督查中心，利用布控球等视频监控设备对作业现场开展远程督查。具有传输音视频监测功能的智能安全工器具可以实时监控电力作业现场的情况，远程督查人员可以及时发现潜在安全隐患和异常情况，提醒现场作业人员及时采取措施规避作业风险，保障工作人员的安全。目前，具有传输音视频功能的智能安全工器具主要是智能安全帽。本书针对智能安全帽的应用于的电力作业场景，对智能安全帽音视频数据传输结构进行了设计，并搭建了智能安全工器具音视频管理平台。

4.4.1　智能安全帽视频传输协议设计

（1）智能安全帽视频传输协议。

为实现作业现场的有效监控，智能安全帽的视频传输要求帧率大于 25fps，分辨率高于 1280×720p，传输时延小于 0.05s。为了达到上述指标，视频数据传输采用 4G 网络，视频编码 H.264 格式，其压缩比可以达到 10：1 到 30：1。这里去压缩比为 25：1，对应单帧图像其所在的存储空间为 1280×720/25=36864 Byte，为了保证视频数据的有效传输，传输协议的帧数据内容的位数最大值取值为 4096 Byte。

智能安全帽数据处理服务器需要处理大量终端的数据，为了对不同终端设备发送的数据进行区分处理，需要设计高效的终端与服务器间的数据传输协议，保证每个智能安全帽与服务器的快速、稳定的通信，数据传输协议的帧数据格式如表 4.8 所示。

表 4.8　　帧数据格式

开始	数据长度	序号	设备序列号	控制标志	数据内容	校验	结束
0x02(1 Byte)	2 Byte	2 Byte	4 Byte	2 Byte	0 ～ 4096 Byte	1 Byte	0x03(1 Byte)

安全工器具视频数据传输协议内所有字段都设计使用十六进制的数据，帧数据中字段的说明如表 4.9 所示。帧数据以 0x02 作为帧头开始，0x03 作为帧尾结束标志。数据长度的值计算如式（4.20）所示。

$$数据长度=序号+设备序列号+控制标志+数据内容+校验码 \tag{4.20}$$

数据长度字段的大小为 2 Byte。帧数据中的序号部分是帧数据发送的序号。传输协议的下个字段是智能安全工器具的序列号。

表 4.9　　数据传输协议字段说明

字段	作用
开始	表示一个帧数据
数据长度	整条帧数据的长度
序列	帧的发送序号
设备序列号	车载终端的设备序列号，唯一标识
控制标志	帧内容的区分，普通帧数据与命令帧数据
数据内容	有效车辆数据信息
校验	长度校验
结束	帧数据结束

控制标志用于区分数据类型，不同数据类型使用不同的标志。数据处理服务器发送的获取视频的命令信息中，数据的控制标志为 0202，除命令信息外

其他数据的控制标志为 0002。校验码字段是为了校验数据的正确性，其值根据式（4.21）进行计算，公式如下

$$校验码的值=数据长度+控制标志+帧头+帧尾 \tag{4.21}$$

（2）智能安全帽视频数据传输结构设计。

智能安全帽视频数据是整个帧数据最主要的信息，使用 record 来记录智能安全帽视频的数据信息，由于视频信息的数据量大，record 设计的结构如表 4.10 所示。

表 4.10　　视频 record 结构

类别	状态	数据内容
2 Byte	2 Byte	0 ～ 4092 Byte

针对安全帽使用的电力场景，视频记录的内容应该有所区分，如出发时的视频、运动中的视频、处于禁止区域时的视频等。在 record 的 2 Byte 类别中，应对记录的视频信息进行相应的类别定义，另外 2 Byte 记录视频的时间与位置信息，数据的结构采用 16 进制，如表 4.11 所示。

表 4.11　　视频 record 结构类别与状态结构定义

类别	说明	数据															
		1	2	3	4	5	6	7	8	9	10	11	12	13	14	15	16
0xB100	出发	头部		长度	时间				纬度				经度				—
0xB101	运动中	头部		长度	时间				纬度				经度				—
0xB102	禁止	头部		长度	时间				纬度				经度				—
0xB103	警告	头部		长度	时间				纬度				经度				
0xB200	返回	头部		长度	时间				纬度				经度				—

数据的下方数字代表字段的长度以及在 record 数据中的位置，类别个字段的含义定义如下：

（1）B100 为智能安全工器具从工具库中心领取的 record，B100 的 record 中含有时间，即该 record 的产生时间，还包括智能安全工器具的经纬度、领取人员编号等信息。智能安全工器具在领取后生成 B100 发送到数据处理服务器上，表示一次作业开始进行。

（2）在智能安全工器具在移动的过程中，智能安全工器具终端根据经纬度信息 GPRMC（Recommended Minimum Specific GPS/TransitData）中的速度（单位为节）计算此时的智能安全工器具移动速度（m/s），当智能安全工器具速度不为 0 时，智能安全工器具终端会发送 B101 record；智能安全工器具终端判断时间超过 3min 但是小于 4min 内处于静止状态，智能安全工器具端会发送 B102 record，表明智能安全工器具处于休息状态。

（3）智能安全工器具终端还会发送智能安全工器具运行警告的 B102 record，即智能安全工器处于静止区域时，此信息是触发视频监控的依据。智能安全工器具终端连续采集智能安全工器具的速度并进行比较分析，如果超过设置的判定值，判定工作人员在快速移动。

（4）B200 为智能安全工器具返回到智能安全工器具中心的 record。智能安全工器具在完成检修任务回到智能安全工器具中心之后，静止时间超过 30min，智能安全工器具终端发送 B200 到数据处理服务器上，表明智能安全工器具一次完整检修任务结束。B200 中含有智能安全工器具回到智能安全工器具中心时 record 产生的时间，以及此时智能安全工器具的经纬度信息。

4.4.2 智能安全工器具音视频管理平台设计与测试

基于上述音视频协议构建智能安全帽管理平台，智能安全帽管理平台基于 LiveGBS 流媒体平台进行二次开发，可接入基于 GB/T 28181 协议的智能终端，提供 Web 可视化页面管理、设备状态管理、实时流媒体处理、录像检索和回放等功能。智能安全帽按照 GB/T 28181 协议对接 LiveGBS 平台，完成设备列表显示、视频监控、语音对讲、历史视频回放设备定位显示、电子围栏和查看历史照片功能及报警查询功能。整体框架如图 4.26 所示。

LiveGBS 流媒体平台的前端源码进行二次开发的流程如图 4.27 所示，首先将源码下载至本地，并安装跨平台设置依赖 cross-env，再修改配置文件中的 proxy target ip 参数值为本地 IP 后，开始进行源码的编写和修改。在开发完成后，可以通过 npm run start 命令预览画面，若预览画面符合预期效果，则使用 npm run build 命令编译源码，并使用编译后生成的 www 文件夹替换掉 LiveCMS 下的 www 文件夹。重新运行服务，则 Web 端为修改后的界面。

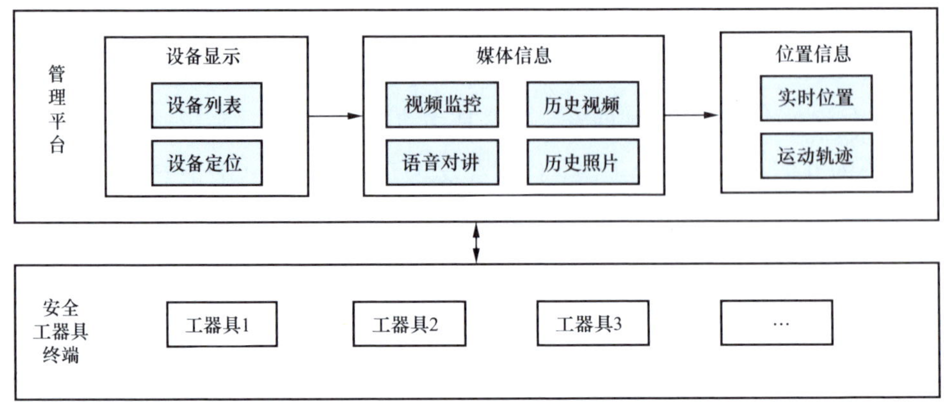

图 4.26 智能安全帽管理平台框架图

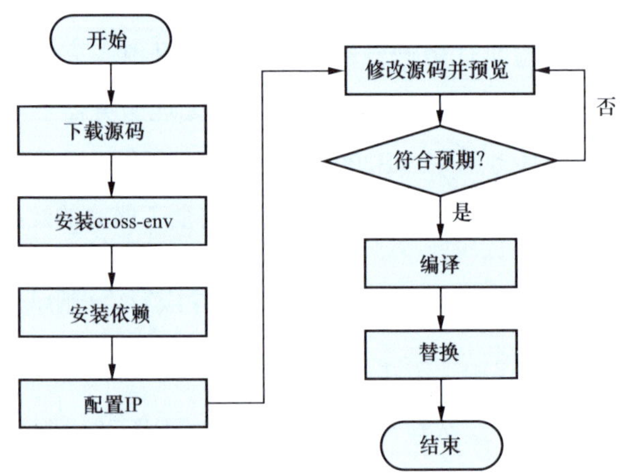

图 4.27 前端二次开发流程图

视频终端电子标签中使用电子标签为全网通 MU990C 模块 4G 智能模块，搭载系统为 Android 8.1.0。令服务器 LiveCMS、流媒体服务器 LiveSMS 和应用服务器部署在 Windows 10 系统上，如图 4.28 所示。

对视频监控功能的测试包括管理平台端发起视频监控和结束视频监控，视频的发起和结束需要在 4G 网络下分别进行测试。管理平台与终端连接，开始播放监控画面。功能测试包括视频监控、语音对讲、拍照、录像、定位、安全报警、电子围栏和灯光等功能，测试结果如图 4.29 和图 4.30 所示。

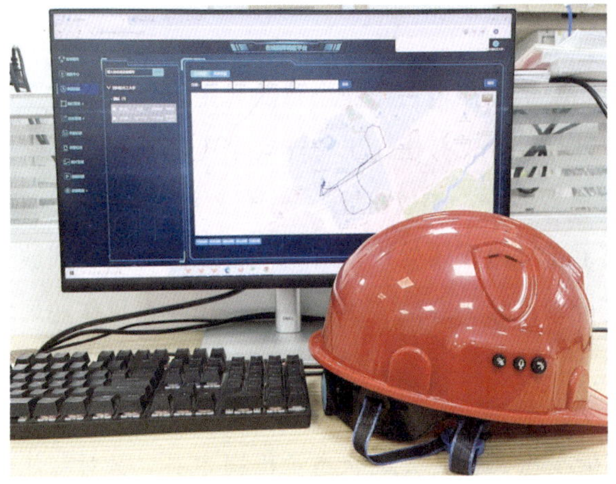

图 4.28　智能安全工器具测试场景图

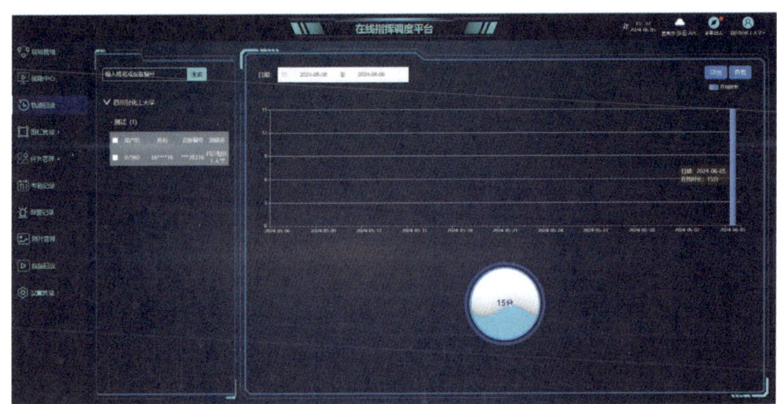

图 4.29　智能安全工器具音视频通信平台测试界面

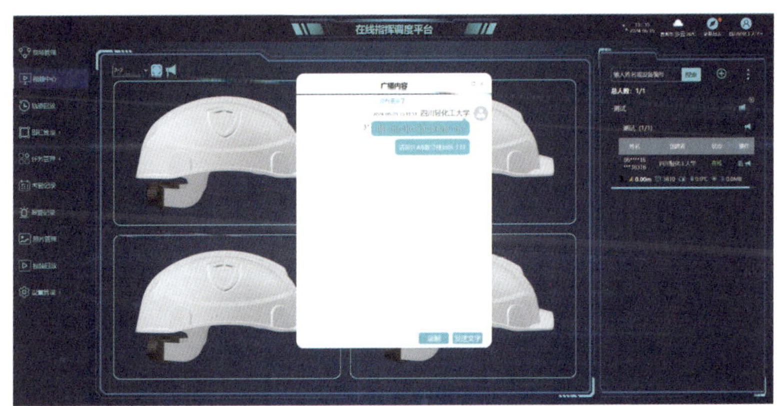

图 4.30　智能安全工器具语音测试界面

4.4.3 结论

本章针对智能安全帽在电力作业场景的应用，对智能安全帽视频传输协议与数据传输结构进行设计，并搭建了智能安全工器具音视频管理平台。基于设计的视频协议构建智能安全帽管理平台，开发了基于 GB/T 28181 协议的智能接入终端，实现了实时流媒体处理、可视化、录像检索和回放等管理功能。并进行了测试，其视频传输、定位、语音通信等功能满足作业现场监测的要求。

 小结

本章研究智能安全工器具关键状态量检测方法。针对智能安全感工器具对定位基准精度要求高，采用粒子群优化 GNSS 紧组合的安全工器具标准定位算法，研发了基于该算法的标准化定位模块，实现了定位精度误差小于 5cm。为了实现对智能安全感工器具能耗精确检测，建立了一种接触式智能安全工器具能耗检测方法，研制了标准能耗检测模块，并提出了降低定位模块能耗的建议。明确了 10kV 配电线安全距离与电场大小对应关系，基于 10kV 棒形、板形、针形三类典型电极的近电试验，绘制了近电报警检测地图，为智能安全工器具提供了标准、量化的检测方法。针对智能安全帽作业场景，完成了视频传输协议与数据传输结构设计，并搭建了智能安全工器具音视频管理平台，其视频传输、定位、语音通信等功能满足作业现场监测的要求。

5

重要业务场景数字化高级应用检测

5.1 标签识别准确度检测

通过开展标签识别准确度检测，评估标签识别中的识别率、错误率、读取速度和稳定性等关键指标，评估标签的性能表现。标签识别准确度检测在安全工器具模拟柜中进行，如图 5.1 所示。将待测的标签放入安全工器具模拟柜，通过模拟柜控制端读取标签的性能指标，并参考相关标准进行准确度判定。

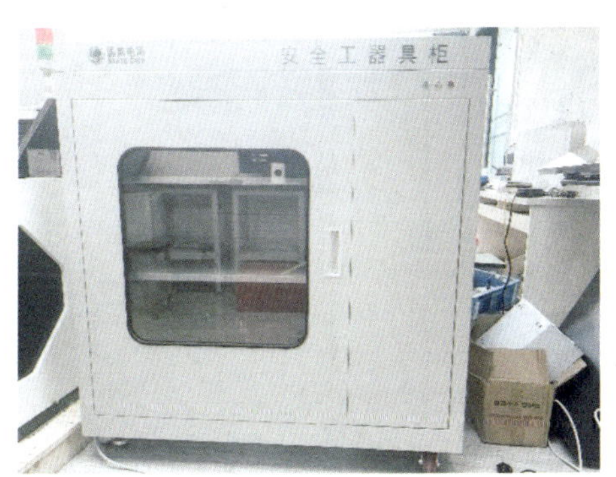

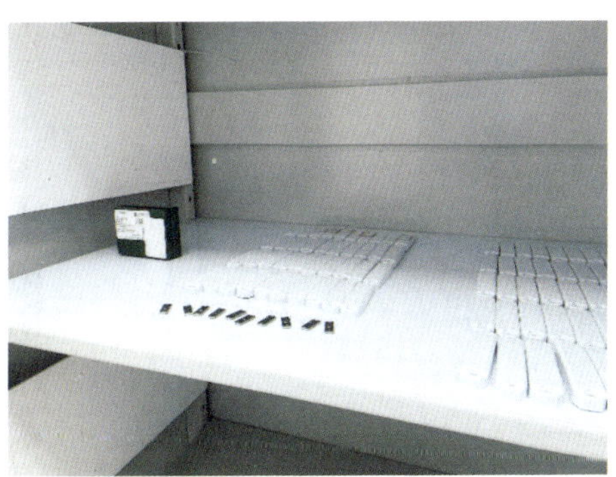

图 5.1 标签识别准确度检测设备

5.1.1 检测标准

通过安全工器具柜模拟装置，对柜内智能型安全工器具电子标签进行自动识别及盘点，自动记录电子标签数量信息，实现智能安全工器具标签批量识别。识别准确率应不低于 99%。

5.1.2 检测方法

（1）清空安全工器具柜模拟装置内所有电子标签后，将 50 件带电子标签的智能安全工器具置于柜内上层位置，关闭柜门，待安全工器具柜模拟装置上显示设备显示出安全工器具数量结果时，记录识别数量为 n1；

（2）将 50 件带电子标签的安全工器具置于安全工器具柜柜内中层位置，关闭柜门，待显示设备显示出安全工器具数量结果时，记录识别数量为 n2；

（3）将 50 件带电子标签的安全工器具置于安全工器具柜柜内下层位置，关闭柜门，待显示设备显示出安全工器具数量结果时，记录识别数量为 n3；

（4）若（50-n1）、（50-n2）、（50-n3）均为 0，则检测通过。

检测方法如图 5.2 所示。

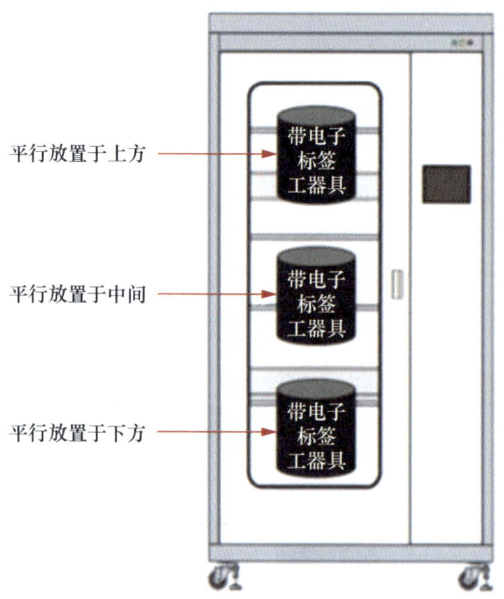

图 5.2　检测方法图

5.2　定位精度检测

通过开展定位精度检测，评估待测设备的定位精度、误差率、响应时间等关键指标，通过测量系统定位结果与基准位置之间的偏差来评估待测设备定位精度，定位精度检测装置如图 5.3 所示。

5.2.1 检测标准

图 5.3 定位精度检测基准定位设备

通过基准定位设备采集基准位置，与智能安全工器具采集的定位信息进行对比，比较定位精度，实现智能型安全工器具定位精度的检测。定位基准线采用基准圆，并确定其真实的经纬度，检测的工具器定位的经纬度，通过比较真实的经纬度与定位的经纬度确定定位误差。定位误差高于技术规范书要求的误差精度，则定位检测不通过。

注：m（2DRMS）：定位精度单位，以实际坐标为圆心对应数值为半径做圆，95% 的定位点在圆内。

5.2.2 检测方法

（1）在一开阔天空处的平整试验场地，选取场地中一点 O，使用定位基准设备测绘该位置的真实坐标；

（2）在定位检验系统后台将点 O 坐标设定为基准位置；

（3）以点 O 为圆心，做半径为 5m 的圆 A；

（4）将圆 A 四等分，分成 H1 ～ H4 区间，将待检智能安全工器具放置在 H1 内，进行定位数据的采集与定位误差的计算；

（5）选取圆 A 另外 H2 ～ H4 内 3 点重复步骤（4）3 次，进行定位数据的采集与定位误差的计算；

（6）计算定位误差均值。

5.3 服务响应时间检测

通过开展服务响应时间检测，评估安全工器具数据服务响应速度、处理延迟、稳定性等关键指标，通过测量系统从接收数据到完成响应所需的时间作为评估参量，服务响应时间检测如图 5.4 所示。

图 5.4　服务响应时间检测系统

5.3.1　检测标准

测试智能安全工器具的响应时间，与智能安全工器具的技术规范书服务响应时间比较进行判别。服务响应测试时间 T（30min），检测设备记录服务响应时间次数 n，计算相邻服务的时间 $\Delta T=T/(n-1)$，小于技术规范书的要求时间合格，大于则服务响应不通过。

通过安全工器具柜模拟装置，将智能型安全工器具放入工器具柜进行的识别，当成功识别时，记录从放入到智能型安全工器具服务响应时间，服务响应时间应不超过 10s。

5.3.2　检测方法

（1）对于有数据功能上传的智能安全工具（接电线、安全帽）；

（2）清空柜内所有安全工器具，将 50 件带电子标签的安全工器具置于柜内上层位置，关闭柜门时启动计时器，待显示设备显示出安全工器具全部数量结果时，记录所需时间为 t_1；

（3）将 50 件带电子标签的安全工器具置于柜内中层位置，关闭柜门时启动计时器，待显示设备显示出安全工器具全部数量结果时，记录所需时间为 t_2；

（4）将 50 件带电子标签的安全工器具置于柜内下层位置，关闭柜门时启动计时器，待显示设备显示出安全工器具全部数量结果时，记录所需时间为 t_3。

若 t_1、t_2、t_3 均不超过 5s，则认为检测通过。

5.4　通信能耗检测

通过基于通信能耗检测模块，评估待测设备的功率、能耗、工作电压等关键指标，为智能安全工器具的能耗大小、待机时长评估参量，能耗检测如图 5.5 所示。

图 5.5　功耗检测模块

5.4.1　检测标准

通过将智能安全工器具接入数据管理平台，进行长时间数据通信，实现智能安全工器具通信能耗的检测。智能安全工器具与管理后台通信的时间间隔不应超过 15s，连续测试时间段长度 ΔT 为 30、60、120s，同一测量时间长度测量次数不小于 10 段。测出的平均功耗高于标称功耗的 10%，则能耗检测不通过。

5.4.2　检测方法

（1）将待测模块接入功耗检测模块；

（2）接通电源后，记录开始工作时刻 T_1；

（3）不改变模块的工作模式，通过能耗模块记录累积能耗；

（4）测试时间达到 ΔT 时，停止测量，记录此时的累积能耗 E；

（5）重复（2）～（4）步，重复次数不小于 10 次；

（6）对测试得到的能耗进行平均。

5.5　近电感应报警检测

通过开展近电感应报警检测，评估待测设备的近电报警的有效性、灵敏性等关键指标。基于不同高压电极所产生的不同电场，通用检测待测设备在测试范围内是否报警，从而评估设备的近电感应报警功能是否正常。智能安全工器具的近电感应报警检测采用板型、棒型、针型三种电极，在绝缘地毯上标注各种电极的测试范围，检查设备、工器具放在检测地图指定的位置，如图 5.6 所示。

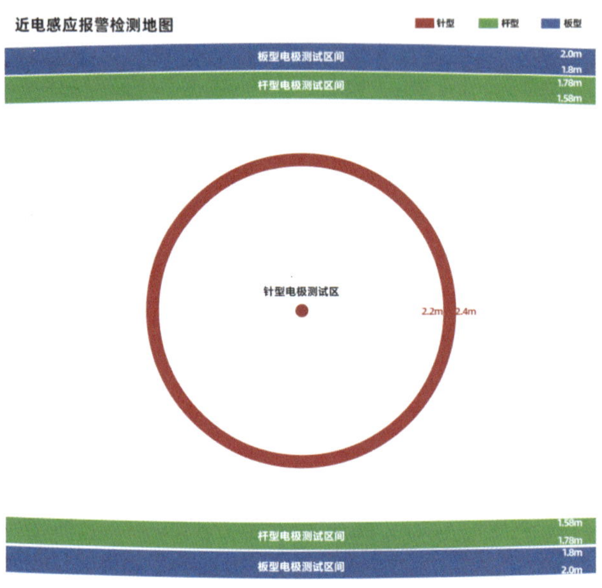

(a) 近电报警检测地图

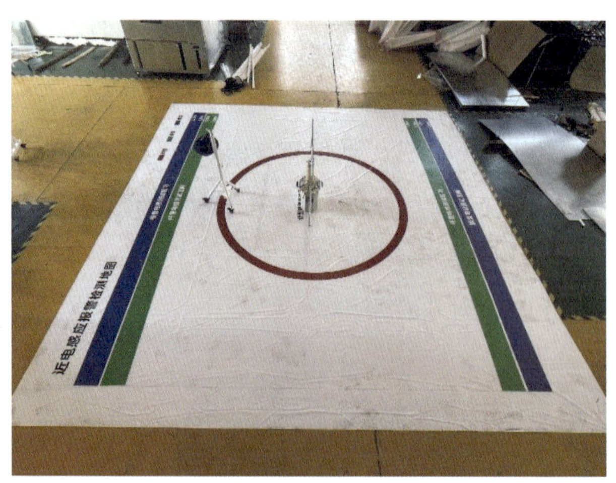

(b) 针型电极近电报警检测

图 5.6　近电感应报警检测装置（换实物图）

5.5.1 检测标准

通过电磁环境模拟装置模拟10kV配电线路电磁环境，对智能型安全工器具的近电报警功能进行测试。将智能安全工器具放入规定的测试范围内（应报警区域），测试10次，10次报警；将智能安全工器具放置于测试范围外沿（远离变压器），测试10次，10次都不报警。

5.5.2 检测方法

（1）升压变压器放置在近电感应报警检测地图中心位置；

（2）将安全工器具放置近电检测支架上，调整到指定的高度，试验架移动至检测区域内（针型电极为近电感应报警检测地图红色区域，棒型电极为近电感应报警检测地图绿色区域，板型电极为近电感应报警检测地图蓝色区域），电极升压到指定的电压，记录安全工器具是否报警；

（3）对步骤（2）重复10次，记录安全工器具是否报警；

（4）试验架移动至检测区域外沿区域（不应报警区域），电极升压到指定的电压，记录安全工器具是否报警；

（5）对步骤（3）重复10次，记录安全工器具是否报警；

（6）在检测区域内10次都报警，在检测区域外沿区域10次都不应报警则近电报警检测通过。

在试验架移动过程中，高压电极应该断电。板型、棒型、针型三种电极测试区域不同，在近电感应报警检测地毯上应标注。

 小结

本章对智能安全工器具数字化功能检测进行研究。提出了智能安全工器具电子标签识别准确度、定位精度检测、能耗检测等5类重要业务场景数字化高级应用检测方法和标准，为智能安全工器具入网检测、数字化状态量检测提供依据。

6

智能安全工器具数字化功能检测平台

6.1 10kV 智能安全工器具数字化功能检测平台关键技术研究

近年来，智能安全帽、智能安全带、智能接地线、智能围栏等智能安全工器具的出现，为安全工器具的检测提出了新的要求。智能安全工器具在传统安全工器具的基础上，增加了数字化智能功能，如在智能安全帽中，采用 5G 网络，提供视频录制、远程视频通信、北斗定位等多项功能。参考传统安全工器具检验标准开展电气、缺陷、绝缘、韧性等试验，缺乏数据通信、识别准确度、运行轨迹、高级应用等相关检验技术与方法，无法评估其数字化功能与可能存在的互联互通问题，易导致“带病入网”，从而带来较大安全隐患。

伴随智能安全工器具的不断应用，亟需研发一套智能安全工器具数字化功能检测标准。鉴于此，本书对智能安全工器具数字化功能检测平台 RFID 的标签防碰撞算法、检测平台的天线设计、电磁检测环境的模拟、安全工器具柜模拟、安全生产风险监督平台接口模拟等关键技术进行了研究，研制了 10kV 智能安全工器具数字化功能检测平台，制定了智能安全工器具定位、识别、能耗检测等数字化功能检测方法。

6.1.1 检测平台 RFID 标签防碰撞算法研究

智能安全工器具中的 RFID 电子标签利用射频信号通过空间电磁耦合的方式实现信号的无线传输，同一时间有多个标签与检测平台的阅读器进行通信时，标签的信号会发生混叠碰撞，导致阅读器端接收到错误的信号。在现实应用中，当智能安全工器具标签数目大于检测平台的阅读器天线数目时，RFID 系统处于欠定状态，欠定条件下实现 RFID 信号的分离难度较大，从而使检测平台正确读取工器具的信息造成较大的困难。

当前，欠定条件下的 RFID 防碰撞技术缺少对信号噪声的考虑与 RFID 原信号的稀疏性。为了降低对 RFID 原始数据中噪声和异常值的敏感程度，本书采用了一种基于 $L_{2,1}$ 范数和局部约束的 RFID 系统的欠定防碰撞算法，并应用于检测平台的 RFID 信号的分离中。该算法通过寻找 RFID 信号的局部几何特性和稀疏性，使分解的结果具有更接近于源信号，考虑以下两个正则化项：①为了获得局部几何相似特性，引入局部坐标约束，将源信号的数据点表示为附近几个锚点的线性组合；②在系数矩阵上增加 $L_{2,1}$ 范数正则化，实现源信号的稀疏编码，有效选择主要的特征进行重构。

1. 基于 $L_{2,1}$ 范数和局部约束的检测平台防碰撞目标函数的建立

为了获得智能安全工器具 RFID 信号的稀疏编码，通过引入局部坐标约束，使每个数据点表示为附近几个锚点的线性组合。在 NMF（nonnegative low-rank matrix factorization）中，将基矩阵 U 的列看作一组锚点，V 的列是与锚点相关的数据点的权重系数。为了保持数据的局部结构，仅用接近数据点的几个锚点表示数据。

局部坐标约束（local restriction，LR）可表述为

$$\vartheta_1 = \sum_{k=1}^{K} |v_{ki}| \cdot \|u_k - x_i\|^2 \tag{6.1}$$

如果 x_i 远离锚点，而对应坐标 v_{ki} 相对较大，约束式（6.1）就会产生很大的惩罚，因此最小化 ϑ_1 能确保 x_i 尽量接近锚点；否则，对应的坐标 v_{ki} 趋向于零。

第 2 个正则项用于区分不同特征的重要性。迭代更新以后，最好用非零值表示重要特征，用零值表示不重要特征。系数矩阵 V 的每一行对应于原始空间中的一个特征，故在系数矩阵上 V 增加 $L_{2,1}$，范数正则化，能促使 V 中的许多行递减为零。因此，选择重要非零特征，丢弃不重要特征。则第 2 个正则项可表示为

$$\|V\|_{2,1}=\sum_{j=1}^{K}\left\|V^{(J)}\right\|_{2} \tag{6.2}$$

其中，$V^{(j)}$是矩阵V的第j行，用于揭示第j个特征对所有数据点的重要程度。

将式（6.1）和式（6.2）整合到鲁棒NMF，可定义目标函数

$$J_{L_{2,1}NMF2L}=\|X-UV\|_{2,1}+\mu\sum_{i=1}^{N}\sum_{k=1}^{K}|v_{ki}|\cdot\|u_k-x_i\|^2+\lambda\|V\|_{2,1} \tag{6.3}$$

其中，$U\in R^{M\times K}$，$V\in R^{K\times N}$，且有$U=[u_1,u_2,\cdots,u_n]>0$，$V=[v_1,v_2,\cdots,v_N]>0$，$\|X-UV\|_{2,1}=\sum_{i=1}^{m}\left\|(X-UV)^{(i)}\right\|_2$。$(X-UV)^{(i)}$是矩阵$(X-UV)$的第$i$行，用于衡量第$i$个特征对所有数据点的重要程度，$\mu$和$\lambda$为正的正则化参数。

式（6.3）为联合局部约束和$L_{2,1}$范数正则化的鲁棒的非负矩阵分解$L_{2,1}$NMF-LR，也称为基于$L_{2,1}$范数和局部约束的非负矩阵分解。

2. 目标函数的迭代求解

在$L_{2,1}$NMF-LR算法中，因为基于联合变量(U,V)的目标函数$J_{L_{2,1}NMF2L}$是非凸函数，所以通过找到全局最优解是不现实的。为此，我们通过寻找局部最优解的迭代实现全局最优解，其目标函数为

$$J_{L_{2,1}NMF2L}=\|X-UV\|_{2,1}+\mu\sum_{i=1}^{N}\|(x_iI^T-U)\Lambda_i^{1/2}\|_F^2+\lambda\|V\|_{2,1} \tag{6.4}$$

其中，$U\geqslant 0,V\geqslant 0,\Lambda_i=diag(|V_i|)\in R^{K\times K}$。

根据矩阵迹的性质，有$Tr(AB)=Tr(BA),Tr(A)=Tr(A^T)$，故目标函数可表示为

$$\begin{aligned}J_{L_{2,1}NMF2L}=&2Tr(X^THX-2X^TXHUV+V^TU^THUV\\&+\mu\sum_{i=1}^{N}(x_i1^T\Lambda_i1x_i^T-2x_i1^T\Lambda_iU^T+U\Lambda_iU^T)+2\lambda Tr(V^TGV)\end{aligned} \tag{6.5}$$

其中

$$H_{ii}=\frac{1}{\sqrt{2\sum_{j=1}^{n}(X-UV)_{ij}^{2}}} \tag{6.6}$$

因为 $U\geqslant 0,V\geqslant 0$，所以引入拉格朗日乘子 $\varPsi=[\psi_{jk}]$ 和 $\varPhi=[\phi_{ki}]$ 后，目标函数可改写为

$$L=J_{L_{2,1NNAF}2L}-Tr(\varPsi U^{T})-Tr(\varPhi V^{T}) \tag{6.7}$$

令 $\frac{\partial L}{\partial U}=0$ 和 $\frac{\partial L}{\partial V}=0$，有 $\varPsi=-2HXV^{T}+2HUVV^{T}+\mu\sum_{i=1}^{N}(-2x_{i}1^{T}\Lambda_{i}+2U\Lambda_{i})$，$\varPhi=-2U^{T}HX+2U^{T}HUV+\mu(C-2U^{T}X+D)+2\lambda GV$，其中，$G$ 是对角矩阵，其中第 i 个对角元素为 $G_{ii}=\frac{1}{2\|V^{(i)}\|_{2}}$。

定义 $C=(c,c,\cdots,c)^{T}$，设 $C=(c,c,\cdots,c)^{T}$ 是一个 $K\times N$ 矩阵，其行为 c^{T}。定义列向量 $d=diag(U^{T}U)\in R^{K}$。设 $D=(d,d,\cdots,d)$ 为一个 $K\times N$ 矩阵，其列为 d。由 KKT 条件可知 $\psi_{jk}u_{jk}=0$ 和 $\phi_{iz}v_{ki}=0$，于是有

$$\begin{aligned}&-(HXV^{T})_{jk}u_{jk}+(HUVV^{T})_{jk}u_{jk}+\\&\mu\left(\sum_{i=1}^{N}U\Lambda_{i}\right)_{jk}u_{jk}-\mu\left(\sum_{i=1}^{N}(x_{i}1^{T}\Lambda_{i})\right)_{jk}u_{jk}=0\end{aligned} \tag{6.8}$$

$$\begin{aligned}&-2(U^{T}HX)_{ki}v_{ki}+2(U^{T}HUV)_{ki}v_{ki}+\\&\mu(C-2U^{T}X+D)_{ki}v_{ki}+2\lambda(GV)_{ki}v_{ki}=0\end{aligned} \tag{6.9}$$

因此有更新规则

$$u_{jk}\leftarrow u_{jk}\frac{\left(HXV^{T}+\mu\sum_{i=1}^{N}(x_{i}1^{T}\Lambda_{i})\right)_{jk}}{\left(HUVV^{T}+\mu\sum_{i=1}^{N}U\Lambda_{i}\right)_{jk}} \tag{6.10}$$

$$v_{ki}\leftarrow v_{ki}\frac{(2U^{T}HX+2\mu U^{T}X)_{ki}}{(2U^{T}HUV+\mu C+\mu D+2\lambda GV)_{ki}} \tag{6.11}$$

3. 防碰撞算法的仿真分析

通过仿真产生智能安全工器具 RFID 信号，并处于欠定状态，将 U 求逆然

后与接收到的信号 R 相乘来得到解混合的信号，然后解调，解码得到对源信号的估计信号。将本书建立的 $L_{2,1}$NMF-LR 与 NMF、SparseNMF、minvolNMF 进行防碰撞性能的对比。对比分析中阅读器天线为 3，每组标签个数为 5，标签信号长度为 1000bit，信道的信噪比从 10dB 到 30dB 变化，信道噪声为高斯白噪声。仿真结果如图 6.1 所示，图中给出了源信号与接收电线前 20bit 的波形。

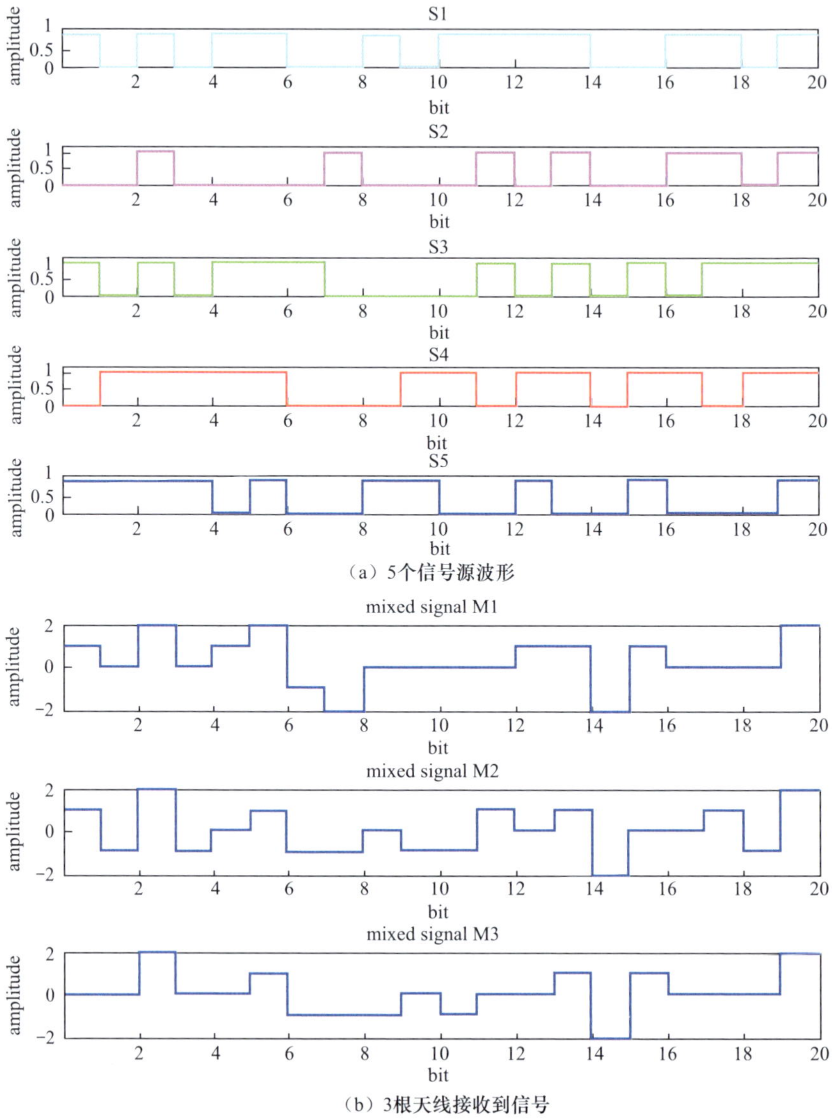

（a）5个信号源波形

（b）3根天线接收到信号

图 6.1　信号源与 3 根天线接收到信号的波形

图 6.2 给出了不同算法在不同信道的信噪比的相似度（Similarity of Source and Results，SSR）与均方误差（Mean Square Error，MSE）值。从图中可以看出，$L_{2,1}$NMF-LR 算法在应用于 RFID 系统时，分离信号与源信号的相似程度最高，均方误差最低，带有稀疏约束的 SparseNMF 算法次之，这说明 RFID 系统的标签信号具有一定的稀疏性。而只具有最小体积约束的 MinvolNMF 算法性能最差，MinvolNMF 算法在优化的过程中只对体积进行了约束，从而使分离结果被过分优化或者优化不足。

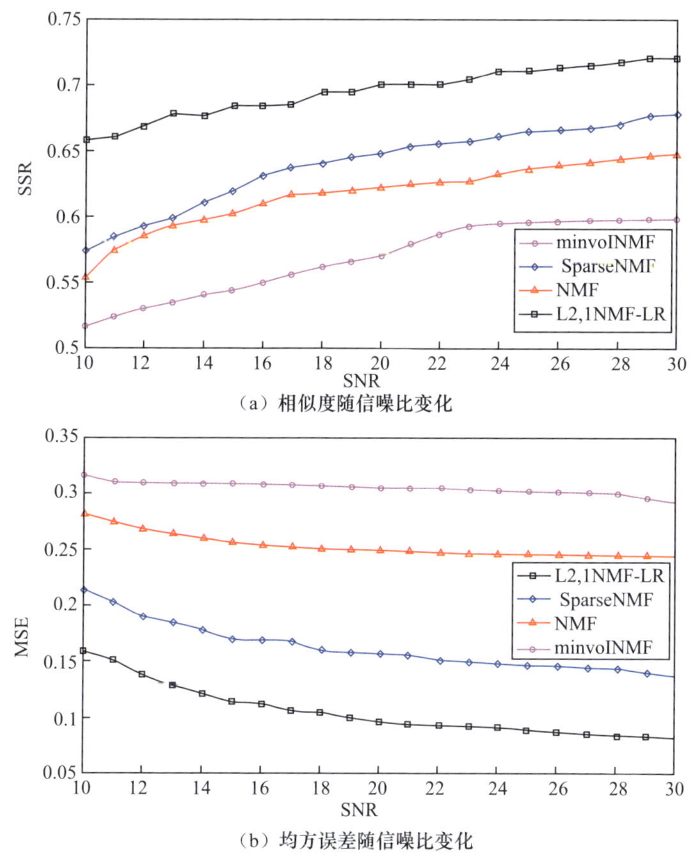

（a）相似度随信噪比变化

（b）均方误差随信噪比变化

图 6.2　相似度与均方误差随信噪比变化

智能安全工器具检测平台的一个重要性能指标是 RFID 的吞吐量。仿真中采用动态位隙（Dynamic Frame Slot Aloha，DFSA）将标签分为合适的若干组，每组的标签个数为 5 个，阅读器天线个数在欠定情况为 3 个。将 $L_{2,1}$NMF-LR 算法与基于 TDMA 的 DFSA 防碰撞算法、基于 ICA 的防碰撞算法以及 NMF 的防碰撞算法进行对比性能分析。

从图 6.3 可以看出，在欠定模式下，相较于传统防碰撞算法 ICA 算法，在欠定模式的 NMF 算法大大提高了 RFID 系统的吞吐量。$L_{2,1}$NMF-LR 算法的吞吐量变化趋势与 DFSA 算法类似，但在欠定状态，$L_{2,1}$NMF-LR 算法在一次识别时间内识别的标签数目会更多，吞吐量成倍增加。

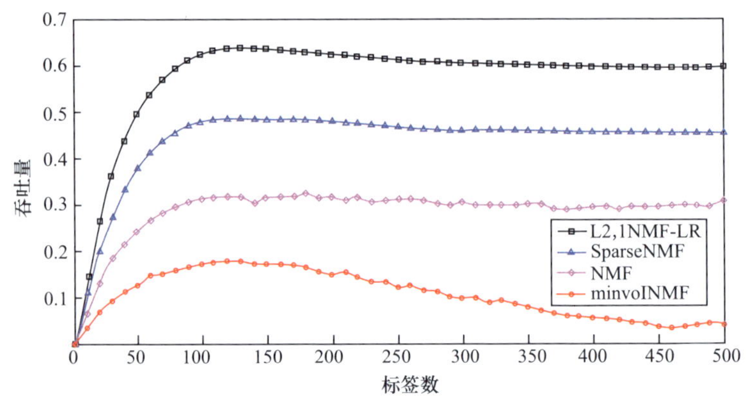

图 6.3　吞吐量对比

可见，智能安全工器具检测平台采用基于鲁棒非负矩阵分解构建 $L_{2,1}$NMF-LR 分解算法，能有效实现了欠定状态下 RFID 信号盲有效分解，并表现出较好的性能，使智能安全工器具检测平台的吞吐量大大提升。

6.1.2　检测平台 RFID 标签读取天线设计

智能工器具柜天线是实现智能工器具数据传输、识别和追踪、自动化操作等功能的重要设备。智能工器具柜天线的结构与位置将决定智能工器具数据交互的性能。鉴于此，此处根据工器具柜的结构，对智能工器具柜的天线进行设计，并对天线的不同数量、不同位置的电磁极化情况进行分析，确定最优的天线布置方案，以确保信号传输、覆盖范围、数据传输速度等达到工器具数据交互检测要求。

安全工器具柜模拟装置高度为 1.1m 左右，底部提供轮子方便进行移动，主控盒及线路等位于顶部盖内固定，防止运输过程掉落，结构图示意图如图 6.4 所示。

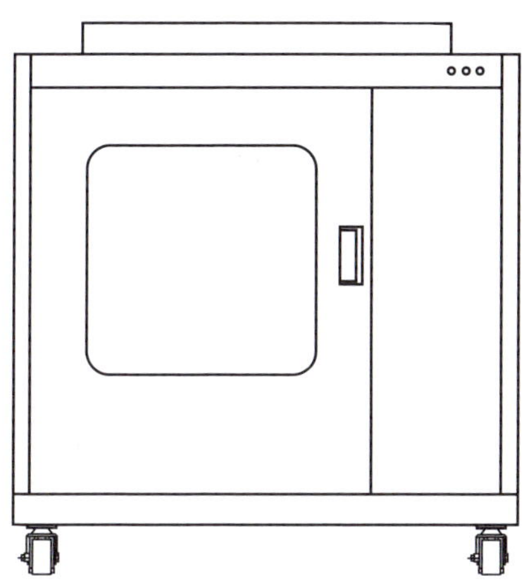

图 6.4　智能工器具柜模拟装置结构图

在智能安全工器具柜模拟装置中，RFID 标签读取天线的位置有多重选择。由于安全工器具柜模拟装置的结构复杂，对 RFID 标签读取天线的电磁分布造成相应的影响，从而造成部分智能安全工器具电子标签的漏读、误读，造成识别错误。

因此，有必要针对 RFID 天线的安装位置和天线的电磁特征进行分析，确定天线最优安装位置，以确保对智能安全工器具识别的准确性。

为了确保对智能安全工器具柜模拟装置的有效全覆盖，在工器具柜模拟装置隔层区域内放置 2 块 RFID 天线进行相关测试分析。

（1）当 RFID 天线位于柜内同层隔层上方，柜内天线覆盖范围未能实现全域覆盖，电磁极化特征分析如图 6.5 所示。

（2）当 RFID 天线均位于柜内同层隔层下方，柜内天线覆盖范围未能实现全域覆盖，电磁极化特征分析如图 6.6 所示。

（3）当 RFID 天线均位于柜内同层隔层后方，柜内天线覆盖范围未能实现全域覆盖，电磁极化特征分析如图 6.7 所示。

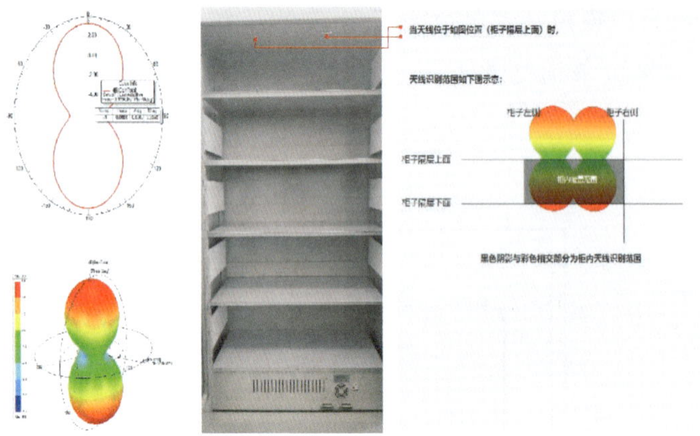

图 6.5　RFID 天线位于柜内同层隔层上方极化图

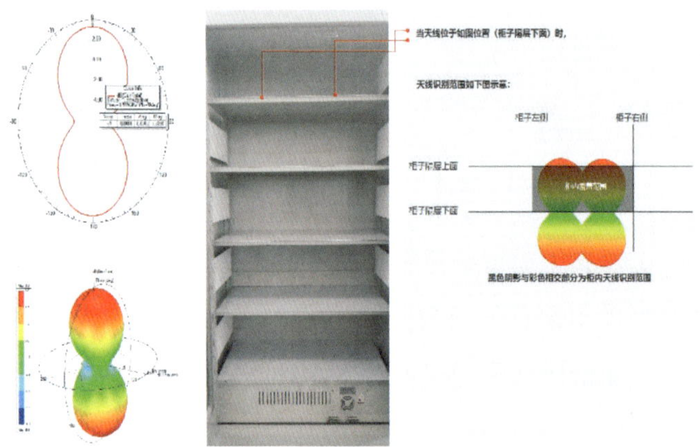

图 6.6　RFID 天线均位于柜内同层隔层下方极化图

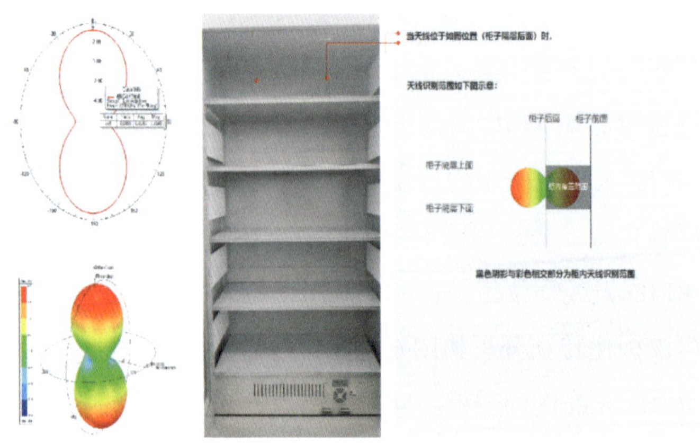

图 6.7　RFID 天线均位于柜内同层隔层后方极化图

（4）当 RFID 天线一块位于柜内隔层上方中间，另一块位于柜内同层隔层的左侧或右侧，柜内天线覆盖范围未能实现全域覆盖，电磁极化特征分析如图 6.8 所示。

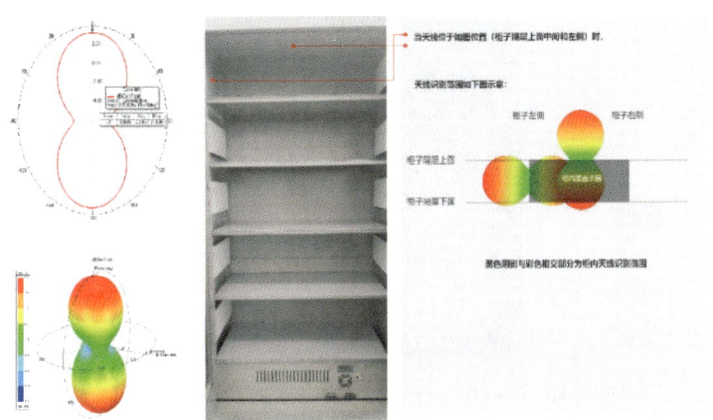

图 6.8　RFID 天线一块位于柜内隔层上方中间极化图

（5）当 RFID 天线一块位于柜内隔层后方中间，另一块位于柜内同层隔层的左侧或右侧，柜内天线覆盖范围未能实现全域覆盖，电磁极化特征分析如图 6.9 所示。

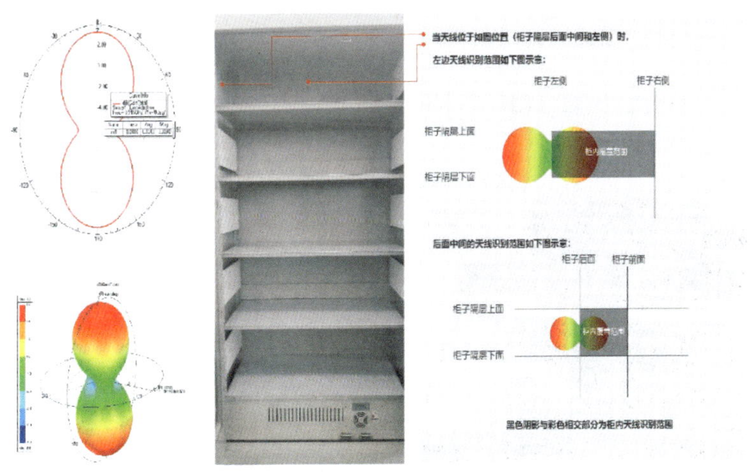

图 6.9　RFID 天线一块位于柜内隔层后方中间极化图

（6）当 RFID 天线一块位于柜内隔层左侧，另一块位于柜内同层隔层的右侧，柜内天线覆盖范围能实现全域覆盖，电磁极化特征分析如图 6.10 所示。

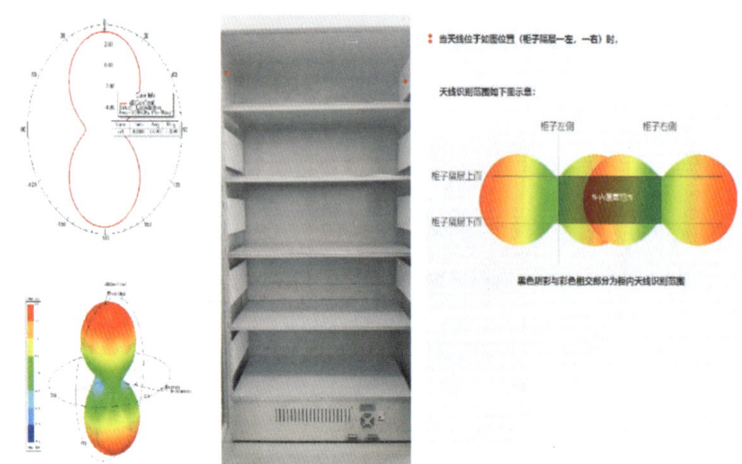

图 6.10 RFID 天线一块位于柜内隔层左侧极化图

通过对 RFID 天线安装方式的比对和数据特征值的分析，可以确定采用同层摆放 RFID 天线的信号强度变化和识别范围区域最为理想，在安全工器具柜模拟装置中安装 RFID 天线时，均采用两侧安装方式。

安全工器具柜读写器采用高性能 FM16E 电子标签，采用圆极化线极化天线两侧安装方式，并移植本书提出的防碰撞，通过现场测试，电子标签的群读标签峰值为 845 张 /s。

6.1.3 10kV 电磁环境模拟

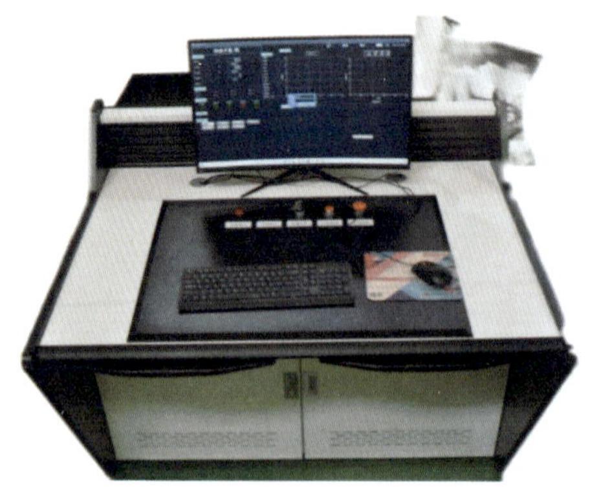

图 6.11 10kV 电磁环境模拟控制台

智能安全工器具近电报警检测是智能安全工器具数字化功能检测的重要内容，10kV 电磁作业环境是智能安全工器具近电报警检测的必备条件。

10kV 电压等级电磁环境模拟装置包含控制台、升压系统（含变压器、分压器、调压器、保护电阻等）、试验架组成，如图 6.11 和图 6.12 所示。

图 6.12　10kV 电磁环境模拟系统

10kV 电磁环境模拟系统主要技术参数如下：控制台容量为 5kVA，输入电压为 220V；试验变压器的额定容量为 5kVA，额定输出电压为 50kV，额定输入电压为 0.22kV，变压比为 250 倍；分压器的额定电压为 50kV，额定变比为 1000∶1，测量精度为 1%；保护电阻的电阻值为 3kΩ，电压等级为 50kV，电流为 100mA。

通过前面的研究可知，近电报警检测的电场强度范围为 720 ～ 960kV，通过仿真分析，采用板型、杆型、针型三种形态高压电极进行近电报警检测，其近电报警检测实物图如图 6.13 所示。

(a) 板形高压电极

图 6.13　板型、杆型、针型三种电极的高压电磁环境模拟（一）

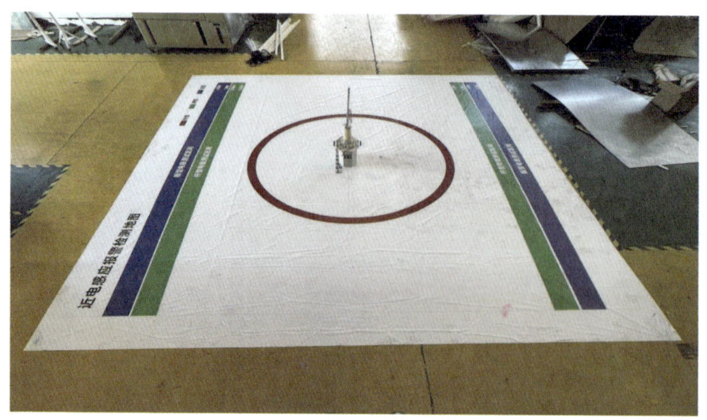

(b) 针形高压电极

(c) 杆形高压电极

图 6.13　板型、杆型、针型三种电极的高压电磁环境模拟（二）

6.1.4　安全工器具柜模拟装置设计

（1）安全工器具柜模拟装置硬件设计。

安全工器具柜模拟装置是整套系统的主要硬件设备之一，主要实现对智能工器具的 RFID 标签准确度识别、出入库感知等，安全工器具柜模拟装置主要包含控制盒、电磁锁、显示屏、RFID 天线、三色灯、电子锁等配件，其结构图如图 6.14 所示。考虑到便于运输，固总高度设计 1.1m 左右，底部提供轮子方便进行移动，主控盒及线路等位于顶部盖内固定，防止运输过程掉落。

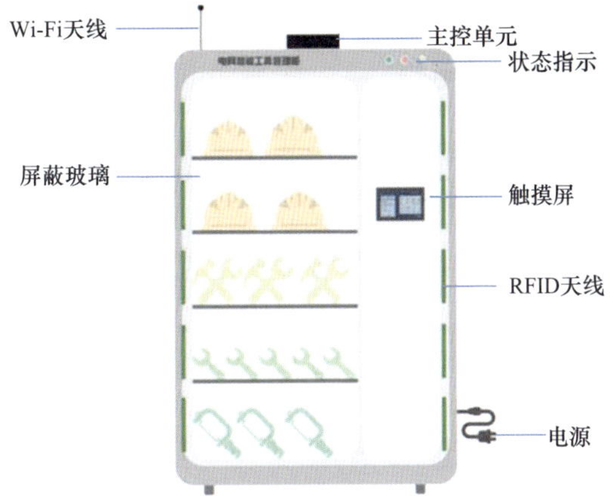

图 6.14　安全工器具柜结构图

安全工器具柜模拟装置智能化模块主要包括以下几个重要方面：①智能识别与记录系统利用 RFID 技术实现工器具的唯一标识和出入库信息记录；②自动照明系统在主柜门打开时自动提供照明，并在关门时自动关闭以节能；③柜体开关控制通过电动锁具和传感器实现自动控制；④温湿度调控系统监测环境并调节设备以保证工器具存放条件；⑤屏蔽与密封设计确保装置内部不受到信号干扰；⑥各硬件接口通过串口、IIC 和 GPIO 连接。硬件智能化模块结构如图 6.15 所示。

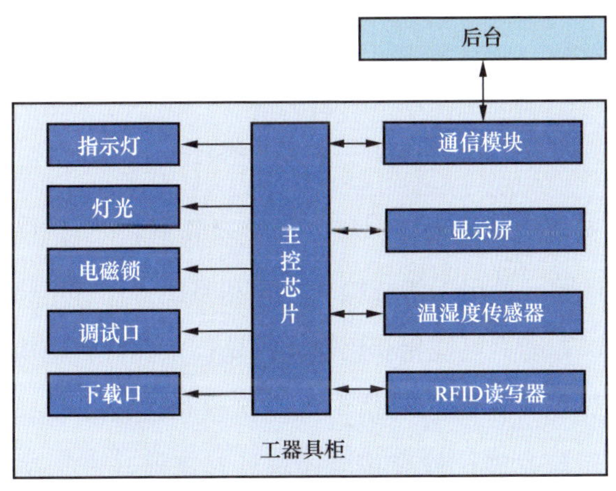

图 6.15　硬件智能化模块

（2）安全工器具柜模拟装置控制软件设计。

安全工器具柜模拟装置控制软件包括硬件层、数据层、业务层三个重要层级。硬件层负责管理和接入硬件设备，包括 RFID 标签、智能工器具柜、一体机、定位装置；数据层负责管理和存储业务数据，包括基础数据、业务数据和硬件设备运行数据；业务层则处理各种业务功能和流程，如采购、检验、领用、检查报废等。安全工器具柜模拟装置软件包含采购验收、试验检测、业务辅助等功能，具体架构如图 6.16 所示。

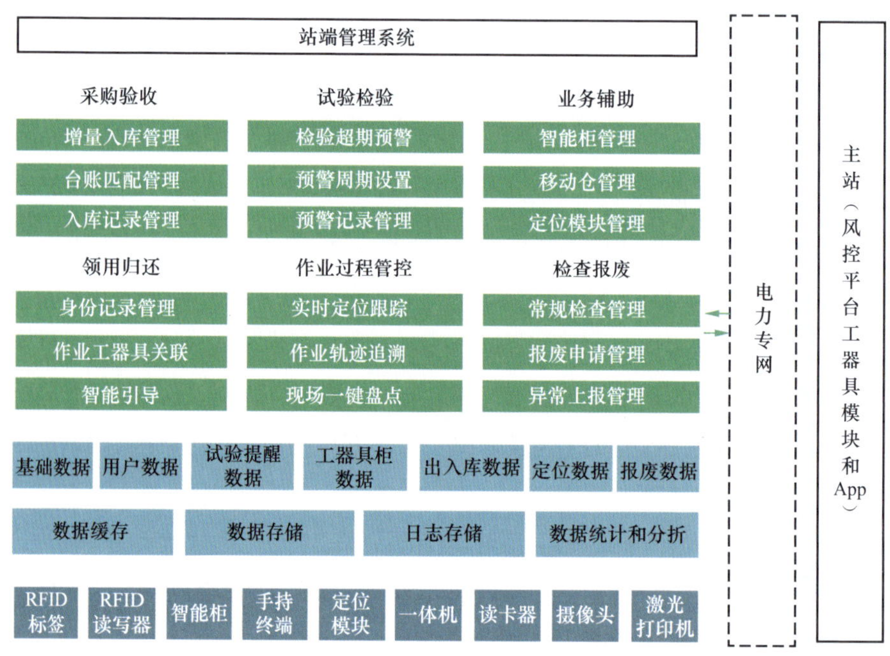

图 6.16　软件架构设计

安全工器具柜模拟装置软件包括安全工器具柜软件首页模块，统计分析、采购验收、试验检验、使用保管、检查报废和系统管理等子模块。统计分析模块包括综合分析、智能柜可视化和工器具总览；采购验收模块包括购置计划管理和增量入库；试验检验模块包括出入库检验和检验提醒；使用保管模块集成领用、归还和定位功能；检查报废模块针对工器具进行功能检测和报废处理；系统管理包括设备、用户和角色管理等，部分软件模块如图 6.17 ～图 6.24 所示。

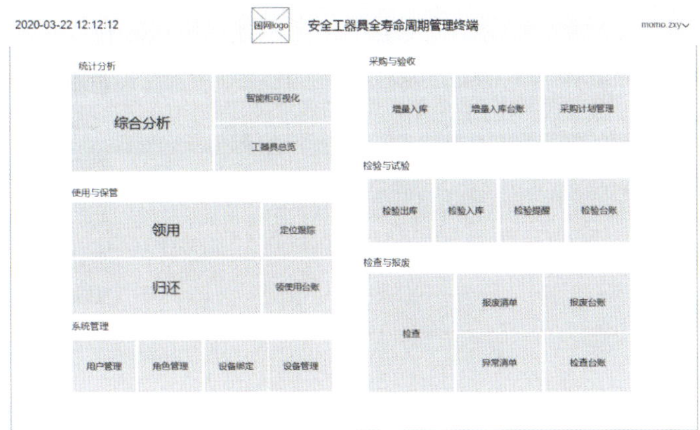

图 6.17　安全工器具柜软件

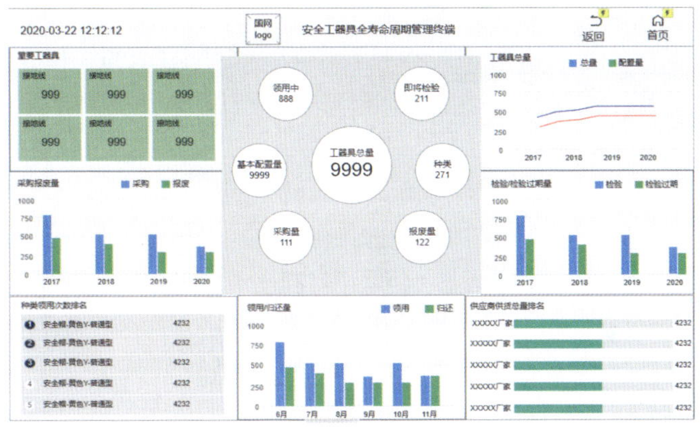

图 6.18　统计分析模块

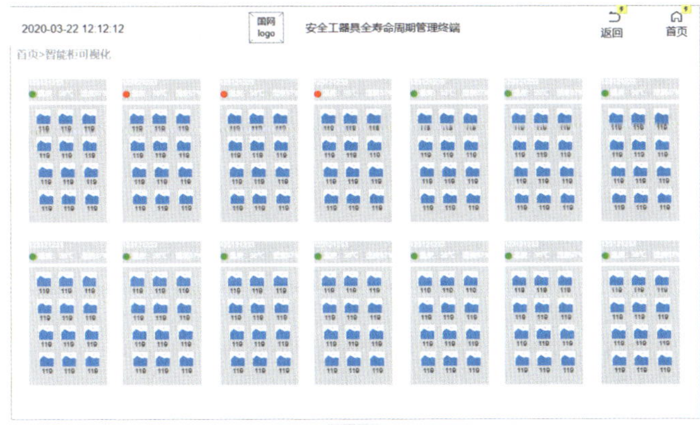

图 6.19　智能柜可视化

图 6.20　购置计划管理

图 6.21　工器具入库管理

图 6.22　工器具定位

图 6.23　工器具检测

图 6.24　系统管理

6.1.5　检测平台风控接口模拟器设计

目前，在安全工器具库房侧已经实现对安全工器具从计划、采购、入库、使用到试验、检查和报废等全过程的数字化、智能化管理。安全工器具检测侧主要负责安全工器具的试验检验环节，对其性能、安全性等进行全面检测。安全生产风险管控平台集成了风险管理、安全监控、应急响应、数据分析等多项功能，通过信息化手段实现对电网安全生产全过程的精准管控。

在业务数据流交互方面，库房侧的数据可与安全生产风险管控平台进行数据交互，试验检测侧与安全生产风险管控平台之间、库房侧与试验检测侧之间未实现数据交互，如图 6.25 所示。针对当智能安全工器具的部分功能无法与安全生产风险管控平台对接，数据不能同步的问题，本书对安全风险管控平台接口模拟器设计，为安全工器具有效管理提供有力支持。

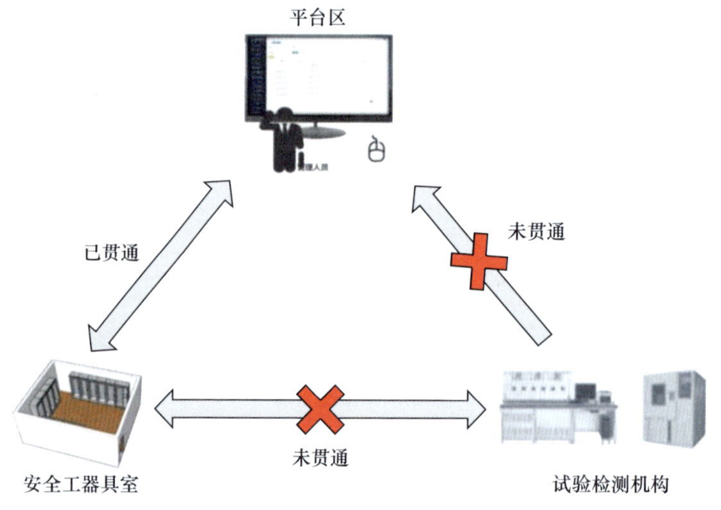

图 6.25　重要业务场景数字化高级应用数据交互

安全风险管控平台接口模拟器硬件由前置机、后置机、加密卡三个主要部件组成。采用内嵌安全电子标签、模块化设计理念和工业级硬件架构设计，底层通过系统硬件与加密卡驱动实现网络接口与加密传输等功能，上层通过应用程序接口、中间件接口、用户界面接口等实现不同软件组件之间的交互和通信。设备硬件接口的内部逻辑结构组成如图 6.26 所示。

外网数据的接入采用外网设备通过装配电网专用 APN 卡传输数据到接入平台，业务系统获取数据并上传至风控平台。安全接入平台也可以利用安全模块和电网专用 APN 卡实现数据交互。

外网系统和风控平台数据交互前，需要通过安全模块进行身份验证，如图 6.27 所示。风控系统标准接口模拟装置首先通过 PKI 证书服务系统获取数字证书，然后安全模块通过专用的 APN 网络传输数字证书和硬件加密卡信息至安全接入网关。安全接入网关验证安全模块数字证书的有效性，并与 PKI 证书服务系统完成验证后，与内网应用服务系统进行数据交互。

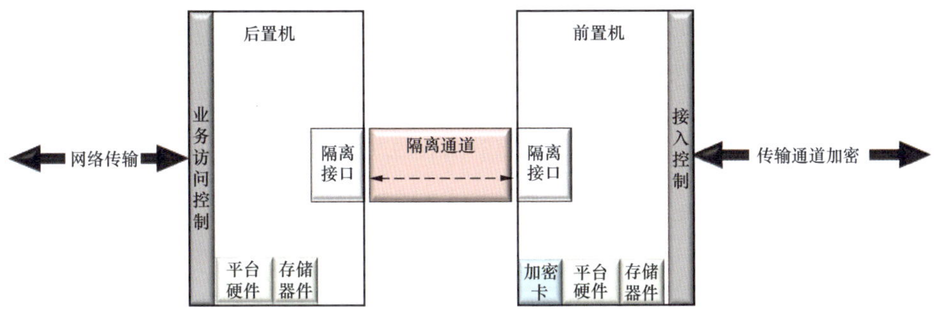

图 6.26　程序接口（API）

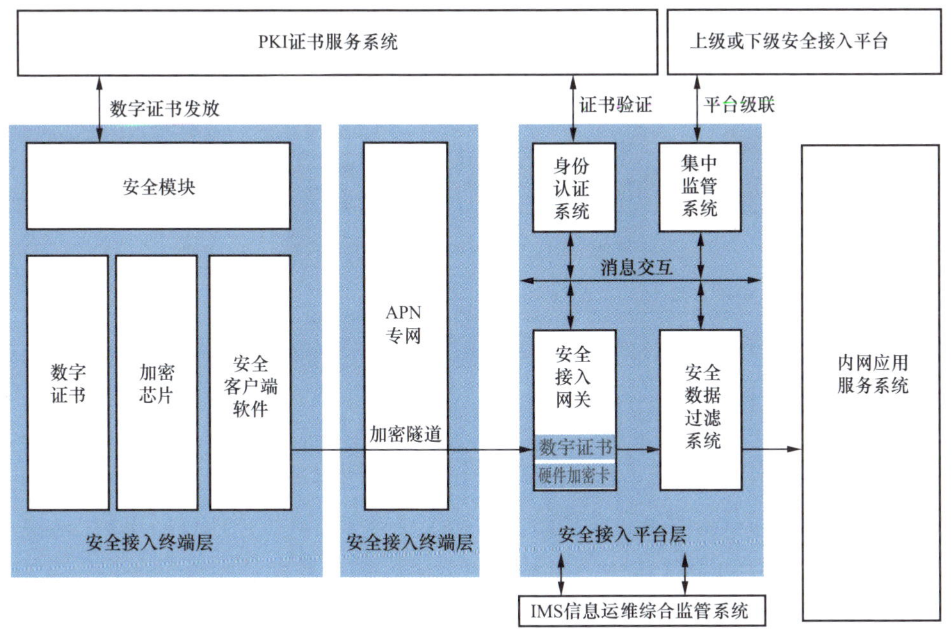

图 6.27　风控系统接入流程

6.2　10kV 智能安全工器具数字化功能检测平台

针对智能安全工器具无感出入库、自动盘点、工作票联动、运行轨迹分析、工作状态检测、通信数据等高级数字化应用仿真检测，建立 10kV 智能安全工器具数字化功能检测平台。明确规范智能安全工器具的性能检测方法，提出统一和标准化检测数据定义，解决各系统之间数据交互。仿真检测模拟各种极端条件、异常情况下的响应能力和稳定性，确保其在复杂多变的环境中仍能保持稳定运行，评估工器具在不同场景下的适用性。

10kV 智能安全工器具数字化功能检测平台总体架构如图 6.28 所示，主要定位检验系统、识别检验系统、识别检测、近电报警检测、能耗检测等功能。

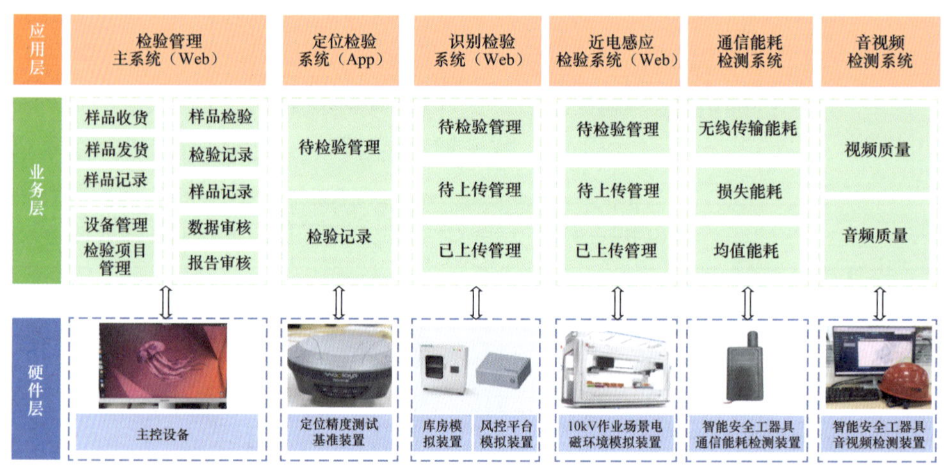

图 6.28　系统总体架构

6.2.1　检验管理主系统

检验管理系统包括委托管理、合同管理、合同记录、委托登记等内容。在合同管理中，重点强调填写信息的准确性和效率对后续检测流程的重要性，系统支持自动填充和搜索筛选，提高操作效率。样品管理包括样品收货、发货和记录等步骤，以及样品存储信息的自动识别和存储。检验管理涵盖样品检验、数据审核、报告审核等环节，支持多个审核级别和自动生成合格证。中心管理部分包括用户管理、角色权限管理、组织架构管理、设备管理、检验项目管理和试验依据管理等内容，确保实验室运行安全可靠。检验主系统如图 6.29 所示。

图 6.29　检验管理主系统界面

6.2.2　定位检验系统

定位测试子系统由定位数据管理、基准设备管理、设备状态等功能组成，并具备将数据传输给检验管理系统的能力。定位检验系统方案中的定位管理部分，包括提供标准协议以及定位设备对接，与定位基准设备管理数据对接，以及定位参数管理。其中包括对待测试设备的定位数据上传、接收基准设备数据、计算待测试设备精度并记录展示等功能。系统架构与检验管理主系统如图 6.30 与图 6.31 所示。

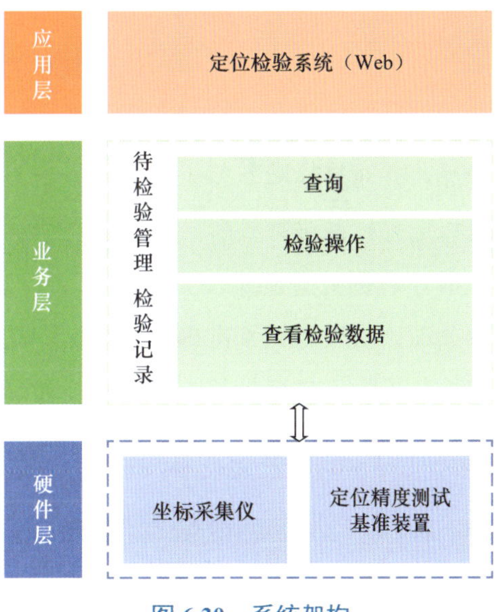

图 6.30　系统架构

图 6.31　定位检验界面

6.2.3　识别检验系统

识别检验系统中的智能柜可以用于标签识别准确度检验，同时，也可以用于进行库房模拟系统的检验。识别检验系统包括委托查询，样品检验，数据处理和数据上传几个关键部分。在委托查询中，用户可以通过不同方式搜索检验样品，并对待检验、待上传和已上传设备列表进行切换。在样品检验中，用户可以选择样品进行检验，并按照指引逐步进行检验步骤，包括放置样品和识别检验。数据处理部分生成检验报告，展示被检样品及设备信息，盘存检验次数、漏读次数和识别准确率等数据。最后，数据上传部分将检验结果上传并生成检验报告，包括批量上传或重新检验的功能。识别检测系统架构与识别检验系统原型界面如图 6.32 和图 6.33 所示。

6.2.4　近电感应报警检测系统

近电感应报警检验系统包括待检测管理、待上传管理、已上传管理三部分。通过控制电磁模拟装置基础参数实现电磁环境的模拟。系统提供检验样品信息、近电感应报警距离规范、电磁模拟装置的电压及磁场实时数据等检验信息的显示。当所有检验样品完成试验后，点击“批量上传”进行试验数据汇总。近电感应报警系统架构与近电感应报警检验界面如图 6.34 和

图 6.35 所示。

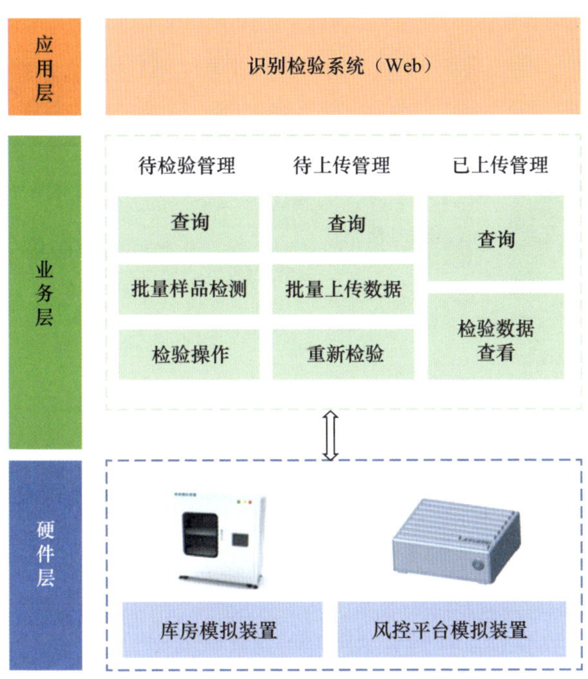

图 6.32　识别检测系统架构

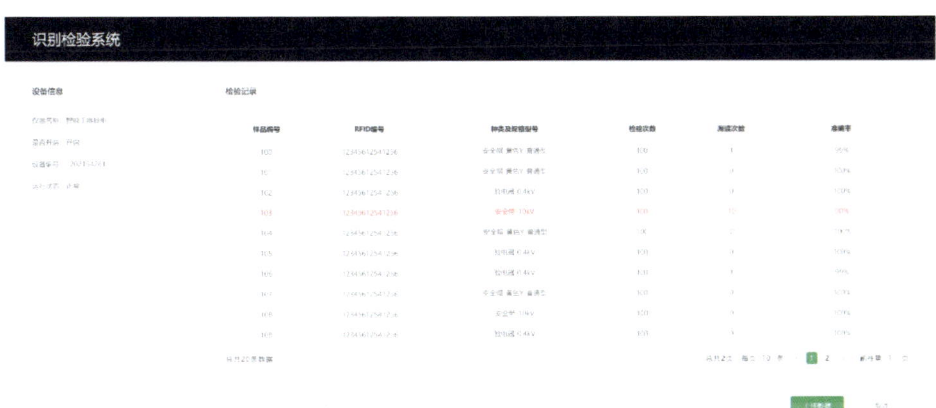

图 6.33　识别检验系统原型界面

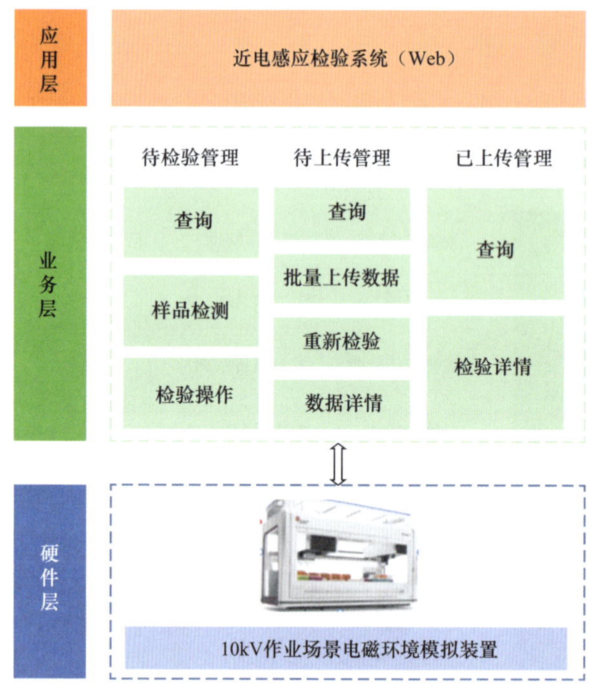

图 6.34　近电感应报警系统架构

图 6.35　近电感应报警检验界面

6.2.5 通信能耗检测系统

通信能耗检测系统由通信能耗检测、能耗分析、能耗数据管理等功能组成，如图 6.36 所示。设计用于监控和管理通信网络中设备能耗，实时收集、分析和报告网络中各个组件的电力消耗情况。在能耗数据管理方面，系统收集并分析待测设备的能耗数据，计算均值能耗、损失能耗、无线传输能耗等值，提供能耗趋势统计和分析功能，用以评估待测设备的能效表现，确保设备运行在合理的能耗范围内。

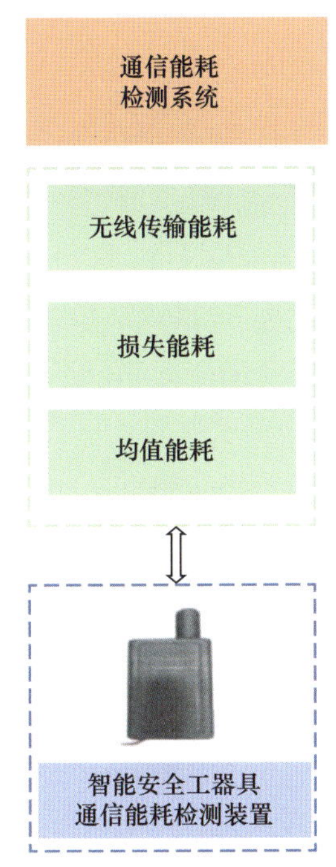

图 6.36 通信能耗监测系统架构

 小结

本章在前面理论研究的基础上研制智能安全工器具数字化功能检测平台。构建了检测平台 RFID 标签防碰撞算法，设计了检测平台 RFID 标签读取天线，开展了 10kV 电磁环境模拟，完成了安全工器具柜模拟装置与检测平台风控接

口模拟器设计。研制了具有检验管理主系统、定位检验系统、识别检验系统、近电感应报警检测系统、通信能耗检测系统的10kV智能安全工器具数字化功能检测平台。

参 考 文 献

[1] GB 26860—2011，电力安全工作规程发电厂和变电站电气部分 [S].

[2] 陈文英．电力安全工器具 [M]．北京：中国电力出版社．2015.

[3] Wei Pu, Fuxiang Li, Lin Yang, Jun Zhao, etc. Safety Equipment Management of Cabinet Based on Intelligent Information Processing Technology[C]. (ICCSIE2023): Putrajaya: Association for Computing Machinery, 236-246.

[4] 宋美清，陈连明等．电力安全工器具使用与管理 [M]．中国电力出版社．2015.

[5] 吴清波．绝缘工器具综合试验台的研制 [D]．华北电力大学，2014.

[6] 陈凯伦．绝缘安全工器具预防性试验综合装置的研制 [D]．南昌航空大学，2020.

[7] 徐恒．基于物联网思维的电力运维安全工器具管理系统设计与实现 [D]．电子科技大学，2021.

[8] DL/T 1476—2023，电力安全工器具预防性试验规程 [S].

[9] 吴迪．电力安全工器具预防性试验检测体系分析 [J]．电气时代，2023，(03)：46-49.

[10] 黄博，张雄．电力安全工器具预防性试验检测体系与资质 [J]．电力安全技术，2022，24（03）：69-71.

[11] 樊伟征，邓涛，赵峰．电气预防性试验中的常见问题分析及对策 [J]．纯碱工业，2019，(06)：39-41.

[12] 陈鹏，李锐．安全工器具检测智慧试验室设计与实现 [J]．交通科技与管理，2023，4（22）：12-14.

[13] 邓威，卢启付，冉旺．基于云平台的工器具检测系统研发与应用 [J]．电工技术，2022，(06)：77-79+83.

[14] 吴伟生．基于智慧工地安全的智能安全帽设计与研究 [D]．南昌大学，2023.

[15] 王宁，鲁法明，包云霞．一种基于云边端协同的智能安全帽设计与实现 [J]．科技视界，2022，(18)：11-13.

[16] 艾力群，李传钱，闵文茜，等．基于智能安全帽的油气管网安全风险管控系统设计与应用 [J]．石化技术，2024，31（05）：124-126+102.

[17] Long Y, Bao Y, Zeng L. Research on Edge-Computing-Based High Concurrency and Availability "Cloud, Edge, and End Collaboration" Substation Operation Support System and Applications[J]. energies, 2024, 17(1): 370-374.

[18] 陆启荣，赵新朋，梁利华．基于智能安全帽的数字化安全监管平台设计 [J]．科技资讯，2023，21（19）：52-56+75.

[19] 刘星晔，许洁，陈亦寒．基于压力传感器采集数据的携带式短路接地线自动化监测系统 [J]．自动化与仪表，2024，39（04）：89-93.

[20] 杨建旭，费腾蛟，华雄，等．基于输变电设备物联网的智能接地线 [J]．工业控制计算机，2024，37（06）：95-98.

[21] 封晨颖．基于可信 WAPI 通信的无线智能接地线管理系统 [J]．电工技术，2024，（10）：134-137.

[22] 李伟，王济维，孙轲，等．基于“互联网 +”的高压线验电器与接地线智能管理装置的实现 [J]．科学技术与工程，2020，20（34）：14085-14094.

[23] 程化冰，李皓，朱世杰，等．智能高空安全带研发与应用 [J]．安全、健康和环境，2023，23（11）：35-39.

[24] 李航，王少帅．高空作业安全带智能报警与远程监控设备的研究与设计 [J]．模具制造，2024，24（04）：201-203.

[25] [1] 徐航，尹德昌，万嘉利，等．一种面向智能电网的智慧互联型双钩安全带控制策略设计 [J]．河南科技，2023，42（24）：13-17.

[26] 朱国福，孙立国，王聪智．基于传感技术的防失误智能报警安全带的研究 [J]．电工技术，2023，（18）：32-34.

[27] 夏正龙，何颖，陆良帅，等．一种多电压等级智能化高压验电器的设计与实现 [J]．制造业自动化，2024，46（06）：215-220.

[28] 李灵勇．基于高效高质验电的多功能验电器的研发及应用 [J]．电气技术与经济，2024，（03）：318-320.

[29] 康国庆，王小鹏，何鹏，等．一种新型高压设备验电指示电路的研究与设计 [J]．仪表技术，2022，（05）：25-27+39.

[30] 帅伟，郑秋玮，刘庭，等．特高压交流线路非接触式验电器研制与应用 [J]．高电压技术，2023，49（S1）：169-173.

[31] 孙晗晗，刘茜，俞红锂．足底压力监测智能鞋垫的研究与应用现状 [J]．微纳电子技术，2024，61（05）：49-57.

[32] 徐宇擎，周黄山，周乐，等．一种多功能电力绝缘鞋 [J]．农村电工，2021，29（11）：29-30.

[33] 孙晗晗，刘茜，俞红锂．足底压力监测智能鞋垫的研究与应用现状 [J]．微纳电子技术，2024，61（05）：49-57.

[34] 王玉博，段宇．手部活动检测智能手套的设计 [J]．科技经济市场，2018，（04）：11-13.

[35] 康婉玉．强冲击环境集成电路失效机理及工艺改进研究 [D]．西安工业大学，2022.

[36] 薛晓飞．基于机器学习的压阻手套智能识别系统研究 [D]．北华航天工业学院，2023.

[37] 唐昊阳，谢国坤，张育培，等．基于用户行为逻辑的智能手环交互设计 [J]．电子技术，2023，52（02）：290-291.

[38] 李梦婷，曳永芳．基于 STM32 的智能手环系统设计 [J]．电子质量，2022，（08）：88-93.

[39] 张一康．基于 RFID/SINS 的室内 AGV 组合导航研究 [D]．武汉纺织大学，2023.
[40] Wei miao. verification of drone fonnation re1ative positioning techno1ogy based on beidou[J]. IOP Publishing Ltd, 2024.
[41] 王睿琦．BDS/GPS/GLONASS 精密单点定位算法研究 [D]．辽宁工程技术大学 , 2023.
[42] Narsetty S, Thomala S, Perumalla N K . Preliminary performance analysis of BeiDou-2/GPS navigation systems over the low latitude region[J]. Journal of Applied Geodesy, 2024, 18(1): 153-162. DOI: 10. 1515/jag-2023-0052.
[43] 解雪峰，胡洪，高井祥．北斗三号码观测值评估及定位精度分析 [J]．合肥工业大学学报：自然科学版，2023，46（1）：118-125.
[44] BS ISO/IEC 18046-3：2012，Information technology-Radio frequency identification device performance test methods Part 3：Test methods for tag performance[S].
[45] 王立诗云．北斗 /GNSS 长基线解算精度评估与分析 [D]．山东建筑大学，2023.
[46] 李雪强，李建胜，王安成，等．视觉 / 惯性 /UWB 组合导航技术综述 [J]．测绘科学，2023，48（06）：49-58.
[47] 郑学召，马扬，黄渊，等．面向矿山救援的 UWB 雷达生命信息识别研究现状与展望 [J]．工矿自动化，2024，50（07）：12-20.
[48] ISO18000-6C(EPCC1G2G). RFID 电子标签技术标准 [J].
[49] 王清，陶启宏．基于 RFID 定位技术的智能停车场 [J]．电子制作，2024，32（08）：114-116.
[50] 杨孟月．基于多频相位差测距的室内无源 RFID 定位技术研究 [D]．中国矿业大学，2023.
[51] 朱正伟，蒋威，张贵玲，等．基于 RSSI 的室内 WiFi 定位算法 [J]．计算机工程与设计，2020，41（10）：2958-2962.
[52] 王颖颖，常俊，武浩．室内 WiFi 定位技术的多参数优化研究 [J]．计算机工程，2021，47（09）：128-135.
[53] 徐洋，孙建忠，黄磊，等．基于 WiFi 定位的区域人群轨迹模型 [J]．山东大学学报（理学版），2019，54（05）：8-20.
[54] 朱勇，黄瑞，徐益．基于位置信息指纹的蓝牙 /WiFi 混合定位方法 [J/OL]．导航定位与授时，1-11.
[55] 朱德康．基于 RSSI 和 AOA 蓝牙定位算法研究 [D]．南京邮电大学，2023.
[56] 张兴红，陈然，张志忠，等．基于 TOA 算法的超声波定位节点布局研究 [J]．重庆理工大学学报（自然科学），2022，36（04）：162-169.
[57] 燕学智，王子婷，王昕．超声波三维定位系统中基线长度与误差传递关系的分析 [J]．吉林大学学报（工学版），2021，51（04）：1461-1469.
[58] 李英杰，魏巍．基于红外线定位的拱桥吊装监测研究 [J]．自动化与仪器仪表，2022，（02）：209-213+218.

[59] 曾显彬．基于超声波与红外线的室内实时定位系统的研究与实现 [D]．华侨大学，2017.
[60] 时子皓，高常青，张瑞年，等．基于 ZigBee 的室内指纹定位算法应用 [J]．物联网技术，2023，13（10）：23-25.
[61] 张智超，李新娥，顾攀，等．基于 ZigBee 混合滤波 RSSI 的室内定位算法 [J]．传感器与微系统，2023，42（05）：126-129+134.
[62] 祝会忠，刘智强．GPS/BDS-3/Galileo/QZSS 重叠频率长距离 RTK 松紧组合定位性能分析 [J]．测绘科学，2024，49（02）：1-16.
[63] 薛丽娟，王潜心，赵东升，等．混合构型低轨卫星增强 GPS 精密单点定位性能分析 [J]．大地测量与地球动力学，2024，44（03）：246-250.
[64] 鲍施锡．GNSS/UWB 与 IMU 组合的室内外定位系统研究 [D]．上海师范大学，2023.
[65] 张一达．基于 5G 和 GNSS 的室内外一体化定位方法研究 [D]．哈尔滨工程大学，2023.DOI:10.27060/d.cnki.ghbcu.2023.000645.
[66] 邓祖强，刘超，周静，等．抗电磁干扰的电力工器具 RFID 电力标签的设计 [J]．计算机与现代化，2021，（01）：12-16.
[67] 邓元实，蒲维，熊兴中等．植入安全工器具 RFID 标签的无线性能测试分析．四川电力技术，2024，47（3）：81-86.
[68] 常政威，邓元实，赵俊，等．基于 RFID 的双运算防碰撞交互识别方法、系统及介质 [P]．四川省：CN202311191359．7，2023-12-12.
[69] 许毅，陈建军，等．RFID 原理与应用 [M]．北京：清华大学出版社．2012.
[70] Rezaie H, Golsorkhtabaramiri M . A shared channel access protocol with energy saving in hybrid Radio-Frequency Identification networks and wireless sensor networks for use in the internet of things platform[J]. IET radar, sonar & navigation, 2023, 17(11): 1654-1663.
[71] GY/T 375—2023，有线数字电视音视频技术质量要求和测量方法 [S].
[72] 郑裕林，栗红梅．GB/T 43026—2023《公共安全视频监控联网信息安全测试规范》标准释义 [J]．中国安全防范技术与应用，2024，（01）：9-11.
[73] 侯晨涛，曹志捷，冯宗伟．关于 GB/T 28181《公共安全视频监控联网系统信息传输、交换、控制技术要求》标准在应用中的若干问题分析 [J]．信息技术与信息化，2024，(03)：170-174.
[74] 陈俊鹏．IC 限流器在音视频、信息技术标准中的测试要求和应用前景 [J]．电子产品世界，2024，31(03)：1-4.
[75] 张晶．安全工器具管理系统 [J]．自动化应用，2023，64(01)：28-31.
[76] Xu Z, Mei H, Zhu J, et al. Key Technologies and Platform of Auxiliary Safety Management and Operation for Distribution Network[C]//2019 IEEE 9th Annual International Conference on CYBER Technology in Automation, Control, and Intelligent Systems (CYBER). IEEE, 2019. DOI: 10. 1109/CYBER46603. 2019. 9066466.

[77] GB 26859—2011．电力安全工作规程—电力线路部分 [S].

[78] GB 26861—2011．电力安全工作规程—高压试验室部分 [S].

[79] 唐峥．某电力系统安全工器具智能管理系统设计与实现 [D]．电子科技大学，2019.

[80] 贺鸿伟，陈维东．基于信息技术的安全工器具智能管理系统研究 [J]．电动工具，2024，（04）：41-44.

[81] 王梓，张可佳．实时感知型智能安全工器具柜的设计 [J]．农村电工，2024，32（04）：36-37．DOI：10.16642/j.cnki.ncdg.2024.04.040.

[82] 吴宏坚，陈蕾，吴宏熊，等．引入 RFID 的安全工器具全寿命周期管理的研究 [J]．计算机仿真，2014，31（03）：159-161+319.

[83] GB/T 18037—2000．带电作业工具技术要求与设计导则 [S].

[84] 周秋帆．110kV 智能变电站电子式互感器的电磁干扰特性及抑制方法研究 [D]．重庆大学，2020.

[85] Jaehong, Lee, Hyukho, et al. Sensors: conductive fiber-based ultrasensitive textile pressure sensor for wearable electronics (adv. Mater. 15/2015). [J]. Advanced Materials, 2015. DOI: 10. 1002/adma. 201570100.

[86] 贾国强．复杂电磁环境下无线传感器网络的部署方法研究 [D]．杭州电子科技大学，2022.

[87] 王庆斌，刘萍，尤利文，林啸天．电磁干扰与电磁兼容技术 [M]．北京：机械工业出版社，1999.08.

[88] An H, Yuan J, Li J, et al. Long-distance and anti - disturbance wireless power transfer based on concentric three-coil resonator and inhomogeneous electromagnetic metamaterials[J]. International Journal of Circuit Theory and Applications, 2023, 51: 2030-2045.

[89] 邬雄，万保权．输变电工程的电磁环境 [M]．北京：中国电力出版社，2009．05.

[90] Li Y, Su T, Fu S, et al. Research on electromagnetic environment inside linear motor[J]. IOP Publishing Ltd, 2024.

[91] 李培明，周健，肖骏，王文进，葛晓阳．输变电工程电磁环境在线监测技术研究进展 [A].《环境工程》2019 年全国学术年会论文集（下册）[C].

[92] Zhang Z, Pan X, Dong Z, et al. Study on the Generation of Carbon Particles in Oil and its Effect on the Breakdown Characteristics of Oil-Paper Insulation[J]. IEEJ Transactions on Electrical and Electronic Engineering, 2023. DOI: 10. 1002/tee. 23817.

[93] 李斯盟，杨帆，秦锋，等．纳秒脉冲电压下油浸纸局部尖端缺陷击穿特性及损伤规律 [J]．中国电机工程学报，2022，42（14）：5326-5338.

[94] 张玮亚，陈中，宫衍平，等．不同工况下带电作业绝缘毯局部放电及击穿特性 [J]．电力系统及其自动化学报，2022，34（09）：57-63.

[95] 罗佳祺．变电站复杂电磁环境对短距离无线通信性能以及人脑 SAR 影响研究 [D]．北京邮电大学，2018.

[96] 杨宏，胡艳．500kV 超高压输电线路的工频电场分析 [J]．计算技术与自动化，2011，30（02）：59-63.

[97] 鲁强．高压架空输电线的电场分布及影响分析 [J]．电子测试，2018，(20)：114-115.

[98] 戴冬云，刘书泉，游一民，等．12kV 真空灭弧室绝缘结构电场分析及优化设计 [J]．高压电器，2024，60（06）：50-56.

[99] 王昱力，黄凯文，王格，等．基于 Comsol 仿真的高压直流电缆附件材料电导率特性研究 [J]．高压电器，2023，59（09）：258-267.

[100] 朱航，于瀚博，梁佳辉，等．基于电场模型的无人机搜寻改进算法及仿真分析 [J]．吉林大学学报（工学版），2022，52（12）：3029-3038.

[101] 杨慧春，高晶敏，魏英，等．基于 HFSS 的电磁场仿真实验课堂设计 [J]．电气电子教学学报，2021，43（02）：157-159+173.

[102] 刘梦．基于 ANSYS Maxwell 的平衡变压器电磁场仿真分析 [D]．宁夏大学，2020.

[103] 杨帆，秦文斌．传感器技术 [M]．西安：西安电子科技大学出版社．2008.

[104] 罗伟．高增益 UHF RFID 无源抗金属标签天线研究与优化设计 [D]．重庆邮电大学，2022.

[105] Chang, Zhengwe, Deng, Yuanshi, Wu, Jie, etc. Research on Performance of RFID Tag Implanted in Electric Safety Tool[C]. PandaFPE 2023. Chengdu, Institute of Electrical and Electronics Engineers Inc., 2023, p 370-374.

[106] 邓元实，常政威，丁宣文，等．一种射频芯片植入电力工器具的最优方法、系统及介质 [P]．四川省：CN202311161534．8，2023-12-08.

[107] 刘伟博．植入轮胎 RFID 标签天线仿真研究 [D]．青岛科技大学，2015.

[108] 齐艳丽．植入轮胎的 RFID 标签天线性能预测研究 [D]．青岛科技大学，2017.

[109] Xiao Y, Li Y, Tian Y, et al. Research on Data Anti-collision Mechanism for Solving LoRa Channel Resource Conflict Problem in Loom Data Monitoring System[J]. Wireless Personal Communications, 2024, 136(1): 567-599. DOI: 10. 1007/s11277-024-11333-7.

[110] 欧阳文．信号线耦合强电磁脉冲特性及其防护措施的研究 [D]．南京信息工程大学，2022.

[111] Hori M, Ikeda Y, Yamazaki T, et al. Research on Dielectric Breakdown Voltage and Electric Field Strength at Triple Junctions on Insulating Substrates for Power Modules[J]. Journal of The Japan Institute of Electronics Packaging, 2023. DOI: 10. 5104/jiep. jiep-d-22-00067.

[112] 马越华．非线性系统的组合频率干扰机理分析 [D]．中国民航大学，2022.

[113] 张海霞，陈见辉．数字化变电站智能电子设备电磁干扰自动控制方法 [J]．制造业自动化，2022，44（02）：209-212.

[114] 经超富．基于盲源分离的 RFID 防碰撞技术研究 [D]．四川轻化工大学，2021.

[115] 许丹，马星河，王晨辉，等．500kV 输电线路电场强度测量与计算分析 [J]．高压电器，2013，49（07）：25-28+34.

[116] 张恒庆．温度变化对天线罩功率传输的影响 [J]．制导与引信，2002，（03）：47-50+55.

[117] 李铮，欧阳卫华，蒋文豪．基于 LTE 系统的改良接收信号功率测量方法 [J]．重庆邮电大学学报（自然科学版），2018，30（06）：746-751.

[118] 唐志国，蒋佟佟，叶会生，等．变电站局放检测中的电磁干扰统计特性 [J]．高电压技术，2017，43（09）：2998-3006.

[119] 尚星宇，庞磊，卜钦浩，等．温度对方波电压下环氧树脂局部放电及击穿特性的影响 [J]．高电压技术，2023，49（08）：3286-3295.

[120] Guan Z N, Wang J, Pan T, et al. Improved Electric Breakdown Strength and Energy Storage Performances in La(Mg[J]. Inorganic chemistry, 2023. DOI: 10. 1021/acs. inorgchem. 2c03824.

[121] 单成玉．温度对半导体激光器性能参数的影响 [J]．吉林师范大学学报（自然科学版），2003（04）：95-97.

[122] Khalyasmaa A, Uteuliyev B, Tselebrovskii Y . Methodology for Analysing the Technical State and Residual Life of Overhead Transmission Lines[J]. IEEE Transactions on Power Delivery, 2020, PP(99): 1-1.

[123] 井云鹏，智文虎，关恩明，等．宽温区热敏电阻温度传感器调理电路 [J]．传感器与微系统，2024，43（01）：120-123.

[124] 邓祖强，刘超，周静，等．抗电磁干扰的电力工器具 RFID 电力标签的设计 [J]．计算机与现代化，2021，（01）：12-16.

[125] 张海霞，陈见辉．数字化变电站智能电子设备电磁干扰自动控制方法 [J]．制造业自动化，2022，44（02）：209-212.

[126] BS ISO/IEC 18046-3: 2012: Information technology — Accessibility — Part 3: Core requirements for data formats [J]. USA: Information technology — Accessibility — Part 3: Core requirements for data formats, 2012.

[127] 王燕，李想，齐滨，等．无源声呐场景中使用辅助粒子滤波的邻近目标检测前跟踪方法 [J]．声学学报，2023，48（02）：277-290．DOI：10.15949/j.cnki.0371-0025.2023.02.015.

[128] 李心慧．基于权重自适应粒子滤波的多源信息融合室内定位方法研究 [D]．浙江大学，2023.

[129] 徐胜意，郭靖，赵齐乐，等．北斗 +Galileo 多频单历元精密单点定位性能分析 [J]．测绘通报，2024，（07）：6-11+94.

[130] 张正香，苏恭超，代明军，等．基于 IRS 的无人机安全通信能耗优化 [J]．无线电通信技术，2023，49（02）：269-277.

[131] 田靖雨．火电站负荷控制系统性能模糊评价方法研究 [D]．华北电力大学，2016.

[132] 杨婧，宋强，石云辉．一种基于机器学习的电力能耗异常检测与预测的方法 [J]．微

型电脑应用，2023，39（11）：190-193.
[133] 蒋斌，邬磊．新能源汽车驱动电机能耗检测方法研究 [J]．汽车测试报告，2023，（11）：79-81.
[134] 林浩宇，黄攀，谢晶，等．一种基于单定向耦合器的净馈入功率测量方法 [J]．计量科学与技术，2024，68（05）：11-16+76.
[135] 郭傲，檀英辉，陈习文，等．一种近电作业吊车绝缘防护装置的设计 [J]．电气技术与经济，2024，（04）：333-335.
[136] 裴勉，赵品，马俊峰，等．一种高压智能报警装置的设计 [J]．电工技术，2023，（22）：129-131.
[137] 孙明刚，杨仲吕，马雷．直流特高压带电线路近电安全感应预警监控系统设计 [J]．计算技术与自动化，2023，42（01）：78-83.
[138] Z. Chang, Y. Deng, J. Zhao, etc. Anti-collision algorithm of blind source separation for RFID based on Hessian regular sparse NMF[C]. AIAM2023. Brussels: IET. 2023, icp. 2023. 2969.
[139] 吴迪．电力安全工器具预防性试验检测体系分析 [J]．电气时代，2023，（03）：46-49.
[140] Kojovic L A.Non-Conventional Instrument Transformers for Improved Substation Design[C]//CIGRE Session．2016.
[141] 刘畅生，钟龙等．传感器简明手册及应用电路 [M]．西安：西安电子科技大学出版社．2007.
[142] 邓元实，常政威，蒲维，等．基于机器视觉的电力工器具出入库管理方法、系统及介质 [P]．四川省：CN202311165069.5，2023-12-08.
[143] 常政威，邓元实，丁宣文，等．一种电力行业智能安全工器具的智能检测系统 [P]．四川省：CN202310972523. 1, 2023-12-12.